机械创新设计及图例

张丽杰　冯仁余　主编

化学工业出版社

·北京·

本书内容共 4 篇 8 章，包括机械创新设计基础、机械机构创新设计与图例、机械结构创新设计与图例、机械创新设计综合实例。在介绍创新理念在机械设计方面应用的基础上，广泛列举了 370 多个机构创新设计实例、机械结构创新设计图例及 4 个综合性创新设计应用实例。

本书第 1 篇包括绪论和机械创新设计概述等基础性内容。第 2 篇包括机构的创新设计方法、机构创新设计及图例、机构组合创新设计及图例和仿生原理及创新设计图例，充分列举了创新设计在平面连杆机构、凸轮机构、齿轮机构、轮系、间歇运动机构、螺旋机构、挠性传动机构、组合机构、仿生机构的应用实例。第 3 篇主要列举了创新设计在机械结构中的应用实例。第 4 篇主要列举了 4 个机械创新设计的综合图例。

本书可以作为简明机械设计指南，供机械设计人员及相关技术人员学习、查阅和参考，还可以作为《机械设计》的配套教材，满足高等院校机械设计课程和机械设计基础课程的教学要求。

图书在版编目（CIP）数据

机械创新设计及图例/张丽杰，冯仁余主编. —北京：化学工业
出版社，2018.9（2022.5 重印）
ISBN 978-7-122-32445-0

Ⅰ.①机… Ⅱ.①张…②冯… Ⅲ.①机械设计 Ⅳ.①TH122

中国版本图书馆 CIP 数据核字（2018）第 135259 号

责任编辑：张兴辉　　　　　　　　　　　文字编辑：陈　喆
责任校对：杜杏然　　　　　　　　　　　装帧设计：王晓宇

出版发行：化学工业出版社（北京市东城区青年湖南街 13 号　邮政编码 100011）
印　　装：天津盛通数码科技有限公司
787mm×1092mm　1/16　印张 14¾　字数 344 千字　2022 年 5 月北京第 1 版第 7 次印刷

购书咨询：010-64518888　　　　　　　售后服务：010-64518899
网　　址：http://www.cip.com.cn
凡购买本书，如有缺损质量问题，本社销售中心负责调换。

定　　价：79.00 元

在世界进入知识经济的时代，创新更是一个国家经济发展的基石。 当今世界中，创新能力的大小已经成为一个国家综合国力强弱的重要因素。 创新一般分为知识创新（也称理论创新）、技术创新和应用创新。 机械创新设计是指充分发挥设计者的创造力，利用人类已有的相关科学技术知识进行创新构思，设计出具有新颖性、创造性及实用性的机构或机械产品（装置）的一种实践活动，它包含两部分：从无到有和从有到新的设计。

本书内容共 4 篇 8 章，包括机械创新设计基础、机械机构创新设计与图例、机械结构创新设计与图例、机械创新设计综合实例。 在介绍创新理念在机械设计方面应用的基础上，广泛列举了 370 多个机构创新设计实例、机械结构创新设计图例及 4 个综合性创新设计应用实例。 以图作架，以文为结，阐述了创新实例的工作原理、结构特点、运动特性等，能为读者在机械创新方面提供参考及帮助。

本书第 1 篇包括绪论和机械创新设计概述等基础性内容。 第 2 篇包括机构的创新设计方法、机构创新设计及图例、机构组合创新设计及图例和仿生原理及创新设计图例，充分列举了创新设计在平面连杆机构、凸轮机构、齿轮机构、轮系、间歇运动机构、螺旋机构、挠性传动机构、组合机构、仿生机构的应用实例。 第 3 篇主要列举了创新设计在机械结构中的应用实例。 第 4 篇主要列举了 4 个机械创新设计的综合图例。

本书所选机构典型全面但不冗杂，既有单一机构的创新设计，又有组合机构的创新设计；既有机构的创新设计，又有结构的创新设计；图例和文字结合，形象直观，便于理解。

所选机构和结构的创新设计脉络清晰，简明扼要，方便读者阅读、浏览、查阅和参考。

本书由张丽杰、冯仁余主编，王海兰、刘旭涛副主编，参加编写的还有孙爱丽、李改灵、刘雅倩。 由徐来春主审。

我们期望广大读者在使用本书的过程中，对不足之处提出批评并指正。

编　　者

第1篇　机械创新设计基础

第2篇　机械机构创新设计与图例

第5章　机构组合创新设计及图例　　146

第6章　仿生原理及创新设计图例　　178

第3篇　机械结构创新设计与图例

第7章　机械结构及创新设计图例　　192

第4篇 机械创新设计综合实例

机械创新设计基础

第1章 绪论

1.1 创新与创新方法

1.1.1 创新的概念

创新的概念最早由美国经济学家舒彼特（J. A. Schumper）在1912年出版的《经济发展理论》一书中提出，他把创新的具体内容概况为以下几个方面：采用新技术，生产新产品，研制新材料，开辟新市场，采用新的组织模式或管理模式。同时，他还提出"创新"是一种生产函数的转移。

在世界进入知识经济的时代，创新更是一个国家经济发展的基石。当今世界中，创新能力的大小已经成为一个国家综合国力强弱的重要因素。

创造是一种完成新成果的过程，但这种新成果可能有一定的参照物，而不强调原本不存在的事物。创造往往是借助一种现实去实现另一种目的的过程。如我们常说的劳动创造了世界，劳动创造了人。如借助已经出现的蒸汽机，安装在陆地车辆上，则创造出机车；安装在船上，则创造出轮船。现实生活中，人们常把发明与创造联系在一起。实际上，严格区别二者的差异也没有工程意义。但在哲学范畴中，二者是有一定差别的。

创新与创造也没有本质差别，创新是创造的具体实现。但创新更强调创造成果的新颖性、独特性和实用性。所以创新是指提出或完成具有独特性、新颖性和实用性的理论或产品的过程。

从创新的内容看，一般把创新分为知识创新（也称理论创新）、技术创新和应用创新。知识创新是指人们认识世界、改造世界的基本理论的总结。一般以理论、思想、规则、方法、定律的形式指导人们的行动。知识创新的难度最大，如哲学中的"辩证唯物主义"、物理学中的"相对论"、机械原理中的"三心定理""格拉肖夫法则"等都是知识创新。知识创新是人们改造世界的指导理论。

技术创新是指针对具体的事物，提出并完成具有新颖性、独特性和实用性的新产品的过程。如计算机、机器人、加工中心、航天飞机、宇宙飞船等许多的高科技产品都是技术创新的具体体现。

应用创新是指已存在的事物应用到某个新领域，并发生很大的社会与经济效益的具体实现过程。如把军用激光技术应用到民用的舞台灯光、医疗手术刀等，把曲柄滑块机构应用于内燃机的主体机构，把平行四边形机构应用到升降装置中等都是典型的应用创新。

社会实践中，有两种创新方式：一是从无到有的创新；二是从有到新的创新。从无到有的创新都有一个较长时间的过渡期，这种创新的过程就是发明的过程，是知识的积累和思维的爆发相结合的产物。如人类社会先有牲畜驱动的车辆，发明内燃机后，将内燃机安置在车辆上，并进行多次实验改进后才发明了汽车，实现了从无到有的突破。原始的汽车经过多年的不断改进，其安全性、舒适性、可靠性、实用性等性能不断提高，这是经过从有到新的不断创新的结果。

1.1.2　创新方法

从思维的角度，创新方法有以下八种。

(1) 群体集智法

群体集智法是针对某一特定的问题，运用群体智慧进行的创新活动。群体集智法主要有三种具体的途径：会议集智法、书面集智法和函询集智法。

① 会议集智法　又称智慧激励法，是美国创造学家奥斯本发明的，通常也称作奥斯本法。技术开发部门在工程设计中，经常运用智慧激励法解决工程技术问题。

② 书面集智法　是会议集智法的改进形式，在运用奥斯本法的过程中，人们发现表现力和控制力强的人会影响他人提出的有价值的设想，因此提出了运用书面形式表达思想的改进型技法。书面集智法最常用的是"635 法"模式，即每次会议 6 个人，每人在卡片上写 3 个设想，每轮限定时间 5 分钟。

③ 函询集智法　又称德尔菲法，其基本原理是借助信息反馈，反复征求专家书面意见来获得创意。视情况需要，这种函询可进行数轮，以期得到更多有价值的设想。

(2) 系统分析法

任何产品不可能一开始就是完美的，人们对产品的未来期望也不可能在原创产品问世时就一并实现，而大量的创新设计是在做完善产品的工作，因此对原有产品从系统论的角度进行分析是最为实用的创造技法。系统分析法主要有三种：设问探求法、缺点列举法、希望点列举法。

① 设问探求法　设问能促使人们思考，但大多数人往往不善于提出问题，有了设问探求法，人们就可以克服不愿提问或不善于提问的心理障碍，从而为进一步分析问题和解决问题奠定基础。因为提问题本身就是创造。设问探求法在创造学被誉为"创造技法之母"。其主要原因在于：它是一种强制性思考，有利于突破不愿提问的心理障碍；也是一种多角度发散性的思考过程，是广思、深思与精思的过程，有利于创造实践。

② 缺点列举法　是指任何事物总是有缺点的、找到这些缺点并设法克服这些缺点，事物就能日益完善。卓越的心理素质是运用缺点列举法的思想基础。

③ 希望点列举法　希望是人们对某种目的的心理期待，是人类需求心理的反映。设计者从社会希望或个人愿望出发，通过列举希望点来形成创造目标或课题，在创新技法中称为希望点列举法。它与缺点列举法在形式上是相似的，都是将思维收敛于某"点"而后又发散思考，最后又聚集于某种创意。

(3) 联想法

联想是由于现实生活中的某些人或事物的触发而想到与之相关的人或事物的心理活动或思维方式。联想思维由此及彼，由表及里，形象生动，奥妙无穷，是科技创造活动中最常见的一种思维活动。发明创造离不开联想思维。

联想是对输入人头脑中的各种信息进行加工、转换、连接后输出的思维活动。联想并不是不着边际的胡思乱想。足够的知识与经验积累是联想思维纵横驰骋的保证。联想法可分为相似联想、接近联想、对比联想、强制联想。

① 相似联想　相似联想是从某一思维对象想到与它具有某种相似特征的另一对象的思维方式。这种相似可以是形态上的，也可以是功能、时间与空间意义上的。把表面差别很大，但意义相似的事物联想起来，更有助于建设性创造思维的形成。

② 接近联想　接近联想是由某一思维对象联想到与之相接近的思维对象上的联想思维方式。这种接近可以是时间和空间上的，也可以是功能、用途或者是结构和形态上的。

③ 对比联想　客观事物间广泛存在着对比关系，如远与近、上与下、宽与窄、凸与凹、冷与热、软与硬……由对比引起联想，对于发散思维和启动创意具有特别的意义。

④ 强制联想　强制联想是将完全无关或关系相当偏远的多个事物或想法牵强附会地联系起来，进行逻辑型的联想，以此达到创造目的的创新技法。强制联想实际上是使思维强制发散的思维方式，它有利于克服思维定式，因此往往能产生许多非常奇妙的、出人意料的创意。

（4）类比法

比较分析多个事物之间的某种相同或相似之处，找出共同的优点，从而提出新设想的方法称为类比法。按照比较对象的情况，类比法可分为拟人类比、直接类比、象征类比和因果类比。

① 拟人类比　以人为比较对象，将人作为创造对象的一个因素，从人与人的关系中，设身处地考虑问题，在创造物的时候，充分考虑人的情感，将创造对象拟人，把非生命对象生命化，体验问题，引起共鸣，是拟人类比创新技法的特点。拟人类比创新思想被广泛应用于自动控制系统开发中，如适应现代建筑物业管理的楼宇智能控制系统、机器人、计算机软件系统的开发等都利用了拟人类比进行创新设计。

② 直接类比　在创新设计时，将创造对象与相类似的事物或现象作比较，称为直接类比。直接类比的特点是简单、快速，可以避免盲目思考。类比对象的本质特性越接近，则成功创新的可能性就越高。

③ 象征类比　象征类比是借助实物形象和象征符号来比喻某种抽象的概念或思维感情。象征类比依靠知觉感知，并使问题关键显现、简化。文化创作与创意中经常运用这种创造技法。

④ 因果类比　两事物有某种共同属性，根据一事物的因果关系推知另一事物的因果关系的思维方法，称为因果类比法。

（5）仿生法

师法自然，特别是自然界，以此获得创造灵感，甚至直接仿照生物原型进行创造发明，就是仿生法。仿生法是相似创造原理的具体应用。仿生法具有启发、诱导、拓展创造思路的显著功效。仿生法不是简单地再现自然想象，而是将模仿与现代科技有机结合起来，设计出具有新功能的仿生系统，这种仿生创造思维的产物是对自然的超越。

（6）组合创新法

在发明创新活动中，按照所采用的技术来源可分为两类：一类是采用全新技术原理取得的成果，属突破型发明；另一类是采用已有的技术并进行重新组合的成果，属组合再生型发明。从人类发明史看，初期以突破为主，随后，这类发明的数量呈减少趋势。特别在19世纪50年代以后，在发明总量中，突破型发明的比重在大大下降，而组合型发明的比重急剧增加。在组合中求发展，在组合中实现创新，这已经成为现代科技创新活动的一种趋势。

组合创新技法在工程中应用及其广泛。人类在数千年的发展历程中积累了大量的各种技术。这些技术在其应用领域中逐渐发展成熟，有些已达到相当完善的程度，这是人类极其珍贵的巨大财富。由于组合的技术要素比较成熟，因此组合创新一开始就站在一个比较高的起点上，不需要花费较多的时间、人力与物力去开发专门技术，不要求创造者对所应用的技术要素都有较深的造诣，所以进行创造发明的难度明显较低，成功的可能性当然要大得多。

组合创新运用的是已有成熟的技术，但这不意味其创造的是落后或低级的产品，实际上适当的组合，不但可以产生全新的功能，甚至可以是重大发明。航天飞船飞离地球，将"机遇号"与"勇气号"火星探测器送上火星，这是人类伟大的发明创造；火星之旅运用的成熟技术数不胜数，如缺少其中的某项成熟技术，登陆火星和成功的勘测都无疑将以失败告终。组合创新技法实际上是加法创造原理的应用。根据组合的性质，它可以分为功能组合、材料组合、同类组合和异类组合。

① 功能组合　人们生产商品的目的是为了应用。一种商品的功能已为人们普遍接受，通过组合，可以使产品同时具有人们所需要的多种功能，以满足人类不断增长的消费需求。取暖的热空调器与制冷的冷空调器原来都是单独的，科技人员设法将这两种功能组合起来，发明了可以方便转换的两用空调，提高了人类的生活质量。手表原来只有计时功能，别出心裁的设计者将指南针与温度计的功能组合在表上，使人们可以随时监察自己的体温或判别方位，满足了某些消费者的特殊需要。另外，功能组合在国防科技发明中也有巨大的潜能。

② 材料组合　很多场合要求材料具有多种功能特性，而实际上单一材料很难同时兼备需求的所有性能。通过特殊的制造工艺将多种材料加以适当组合，可以制造出满足特殊需要的材料，如塑钢门窗就是铝材和塑料的组合。

③ 同类组合　将同一种功能或结构在一种产品上重复组合，以满足人们对此功能的更高要求，这是一种常用的创新方法。如使用多个气缸的汽车、使用多个发动机的飞机、多节火箭，这些采用同类组合的运载工具，目的都是为了获得更大的动力。

④ 异类组合　创新的目的是获得具有新功能的产品，不同的商品往往有着不同的功能，如果能将这些本属于不同商品的相异功能组合在一起，这样的新产品实际上就具有了能满足人们需求的新功能，这就是异类组合。有些商品有某些相同的成分，将这些不同的商品加以组合，使其共用这些相同的成分，可以使总体结构简单、价格更便宜，使用也更方便。将具有相似传动箱的车床、钻床、铣床组合而成的多功能机床可以分别完成其几类机床的机械加工工作。此外，技术组合和信息组合等也是常用的组合创新技法。技术组合是将现有的不同技术、工艺、设备等加以组合而形成的发明方法。信息组合则是将有待组合的信息元素制成表格，表格有交叉点即为可供选择的组合方案。前者特别适用于大型项目创新设计和关键技术的应用推广；后者操作简便，是信息社会中能有效提高效率的创新技法。

(7) 反求设计法

反求设计是典型的逆向思维运用。反求工程是针对消化吸收先进技术的一系列工作方法和技术的综合工程。通过反求设计，在掌握先进技术中创新，也是创新设计的重要途径之一。在现代化社会中，科技成果的应用已成为推动生产力发展的重要手段。把别的国家的科技成果加以引进，消化吸收，引起提高，再进行创新设计，进而发展自己的新技术，是发展民族经济的捷径，这一过程称为反求工程。

在两种创新方式中，反求设计就属于第二种创新方式。借助已有的产品、图样、音像等已存在的可感观的事物，创新出更先进、更完美的产品。人的思维方式是习惯从形象思维开始，用抽象思维去思考。这种思维方式符合大部分人所习惯的形象—抽象—形象的思维方式。由于对实物有了进一步的了解，并以此为参考，发扬其优点，克服其缺点，再凭借基础知识、思维、洞察力、灵感与丰富的经验，为创新设计提供了良好的环境。因此，反求设计是创新的重要方法之一。

(8) 功能设计法

功能设计是典型的正向思维运用。功能设计法是传统的常规设计方法，又称为正向设计法。这种设计方法步骤明确、思路清晰，有详细的公式、图表作为设计依据，是设计人员经常采用的方法。设计过程一般为根据给定产品的功能要求，制订多个原理方案，从中进行优化设计，选择最佳方案。对原理方案进行结构设计，并考虑材料、强度、刚度、制造工艺、使用、维修、成本、社会经济效益等多种因素，最后设计出满足人类要求的新产品。

正向设计过程符合人们学习过程的思维方式，其创新程度主要表现在原理方案的新颖程度，以及结构的合理性与可靠性等，所以正向设计也是创新的重要设计方法。

1.2   常规设计、现代设计与创新设计

机械设计方法对机械产品的性能有决定作用。一般说来，可把设计方法分为正向设计和反向设计，反向设计也称反求设计。正向设计的过程是：首先明确设计目标，然后拟订设计方案，进行产品设计、样机制造和实验，最后投产的全过程。正向设计方法可分为常规设计方法（又称传统设计方法）、现代设计方法和创新设计方法。它们之间有区别，也有共同性。反向设计的过程是：首先引进待设计的产品，以此为基础，进行仿造设计、改进设计或创新设计的过程。

1.2.1   常规设计

常规机械设计是依据力学和数学建立的理论公式或经验公式为先导，以实践经验为基础，运用图表和手册等技术资料，进行设计计算、绘图和编写设计说明书的设计过程。一个完整的常规机械设计主要由下面的各个阶段组成。

① 市场需求分析   本阶段的标志是完成市场调研报告。

② 明确产品的功能目标   本阶段的标志是明确设计任务书。

③ 方案设计   拟订运动方案，通过对设计方案的选择与评价，最后决策确定出一个相对最优方案是本阶段的工作标志。

④ 技术设计阶段   技术设计是机械设计过程中的主体工作，该阶段的工作任务主要包括机构设计、机构系统设计（含运动协调设计）、结构设计、总装设计等，该阶段的标志是

完成设计说明书和全部设计图的绘制工作。

⑤ 制造样机　制造样机并对样机的各项性能进行测试与分析，完善和改进产品的设计，为产品的正式投产提供有力的证据。

常规机械设计方法是应用最为广泛的设计方法，如机械原理中的连杆机构综合方法、凸轮廓线设计方法、齿轮几何尺寸的计算方法、平衡设计方法、飞轮设计方法以及其他常用机构的设计方法等都是常规的设计方法。

常规设计是以成熟技术为基础，运用公式、图表、经验等常规方法进行的产品设计，其设计过程有章可循，目前的机械设计大都采用常规的设计方法。常规设计方法是机械设计的主体。在常规机械设计过程中，也包含了设计人员的大量创造性成果，例如在方案设计阶段和结构设计阶段中，都含有设计人员的许多创造性设计过程。

1.2.2　现代设计

相对于常规设计，现代设计则是一种新型设计方法，其在机械设计过程中的优越性日渐突出，应用日益广泛。

现代设计是以计算机为工具，以工程设计与分析软件为基础，运用现代设计理念的新型设计方法。与常规设计方法的最大区别是强调运用计算机、工程设计与分析软件和现代设计理念，其特点是产品开发的高效性和高可靠性。

现代设计的内容极其广泛，可运用的学科繁多。计算机辅助设计、优化设计、可靠性设计、有限元设计、并行设计、虚拟设计等都是经常运用的现代设计方法。

现代设计方法具有更大的通用性。例如，优化设计的基本理论不仅可用于机构的优化设计、机械零件的优化设计，而且可用于电子工程、建筑工程等许多领域中。因此，通用的现代设计方法和专门的现代设计方法发展都很快。比如，优化设计与机械优化设计、可靠性设计与机械可靠性设计、计算机辅助设计与机构的计算机辅助设计等并行发展，设计优势明显，应用范围日益扩大。

现代设计方法强调运用计算机、工程设计与分析软件和现代设计理念的同时，其基本的设计过程仍然是运用常规设计的基本内容。所以在强调现代设计方法的时候，切不可忽视常规设计方法的重要性。

1.2.3　创新设计

常规设计是以运用公式、图表为先导，以成熟技术为基础，借助设计经验等常规方法进行的产品设计，其特点是设计方法的有序性和成熟性。

现代设计强调以计算机为工具，以工程软件为基础，运用现代设计理念的设计过程，其特点是产品开发的高效性和高可靠性。

创新设计是指设计人员在设计中发挥创造性，提出新方案，探索新的设计思路，提供具有社会价值的、新颖的而且成果独特的设计成果。其特点是运用创造性思维，强调产品的独特性和新颖性。

机械创新设计是指充分发挥设计者的创造力，利用人类已有的相关科学技术知识进行创新构思，设计出具有新颖性、创造性及实用性的机构或机械产品（装置）的一种实践活动。

它包含两部分：从无到有和从有到新的设计。

机械创新设计是相对常规设计而言的，它特别强调人在设计过程中，特别是在总体方案、结构设计中的主导性及创造性作用。

一般来说，创新设计是很难找出固定的创新方法。创新成果是知识、智慧、勤奋和灵感的结合，现有的创新设计方法大都是根据对大量机械装置的组成、工作原理以及设计过程进行分析后，再进一步归纳整理，找出形成新机械的方法，用于指导新机械的设计中。

实践源于人类的生产活动，理论来源于对实践活动的总结，由实践活动中产生理论，然后，理论又可指导实践。创新设计方法的诞生也符合人类的认知规律。常见机构创新设计方法主要有：利用机构的组合、机构的演化与变异和运动链的再生原理进行创新设计。

1.3   创新教育与人才培养

1.3.1   创新教育是改革的主旋律

我国各高等学校的在校大学生，基础知识与专业知识学习很好，但具有创造性的知识学习较少。据统计，我国近来涌现出来的发明家大多在 45 岁以上，而根据科学技术的发展史统计情况，创造能力最强的年龄段是 25～45 岁。我国每年培养出几百万大学生，但他们之中涌现出来的发明家或创造性人才却非常少。这种情况说明我国的高等工程教育中，对创造与发明能力的培养薄弱，重视度不够。

麻省理工学院是美国培养最富有创造性人才的大学，又称为培养发明家的大学。仅在1996 年，他们的研究人员就提出了 400 多项发明，学院的师生走在现代化科学技术的最前沿，时刻在创造美国赖以占领全球未来高科技市场的新知识和新技术，充当美国政府和公司的"发展实验室"，成为美国高科技人才与创造人才的摇篮。在美国加利福尼亚州的硅谷地区，20％以上的研究人员来自麻省理工学院，激励麻省理工学院师生不断向前发展的是创新教育与学术抱负融为一体的良好校风。

我国高等工程教育在计划经济时代形成的教育体制下，用一个统一的培养模式来塑造全体大学生，已经不适应改革开放后的社会主义市场经济的发展，也不适应科学技术发展的新趋势和新特点，难以培养出在国际竞争中处于主动地位的人才。为适应 21 世纪的知识经济和高科技的发展需要，必须更新教育思想，转变教育观念，探索新的人才培养模式，加强高等学校与社会、理论与实际的联系，从传授和继承知识为主的培养模式转向加强素质教育、拓宽专业口径、着重培养学生主动获取和运用知识的能力、独立思考和创新能力，融传授知识、培养创新能力、鼓励个性发展、全面提高学生素质为一体的具有时代特征的人才培养模式将是当前高等学校改革的主旋律。"培养创新能力、鼓励个性发展、全面提高学生素质"的基本教育思想必须通过各种教学环节予以落实。

1.3.2   创新能力是人才培养的核心

当代社会的发展最需要具有主动进取精神和创新精神的人才，而主动进取精神和创新精神的养成离不开人的个性的充分发展。所谓人的个性，是指在一定社会条件和教育影响下形成的人的比较固定的特性。高等学校不应打压学生个性的发展，相反应该把鼓励学生个性发展作为重要的改革举措，为激发和充分发挥人的潜能创造必要的环境和条件，使学生在各自的基础上提高素质和能力，使创新人才的关键特征和非智力因素的培养成为现实。

（1）创新人才的关键特征

勇于探索和善于创新是创造型人才的主要特征。美国犹他州大学管理学院教授赫茨伯格通过分析几十年各行各业涌现的大量创新人才的实例后，总结出了创新人才的关键特征，为创新人才的培养提供了很好的借鉴作用。

① 智商高，但并非天才 智商高是创新的先决条件之一，但并不一定是天才。过高的智商有时会有害于创新，因为在常规教育中成绩超群，有时会妨碍寻求更多的新知识。

② 善出难题，不谋权威 善于给自己出难题，而不谋求自我形象和权威地位是创造型人才可持续成功的重要特征，驻足于以往的成就，不思进取是发挥创新作用的主要障碍。创新人才也必须依赖不断学习与进取来维持创新道路上的青春常在。

③ 标新立异，不循陈规 创新人才不能靠传统做法建功立业，而惯于在陈规范围内工作的人员往往把精力消磨在大量重复性的劳动中，难以取得突破；而创新事业往往是不循陈规、标新立异的结果。

④ 甘认不知，善求答案 承认自己"不知道"是创新的起点，"不知道"或"不清楚"会给追求答案带来压力，压力转换为动力，是创新力量的源泉。

⑤ 清心寡欲，以工作为乐 在工作中追求幸福和快乐，在工作中享受生命是创新型人才的共有特征。

⑥ 积极解忧，不信天命 挫折与失败经常伴随着创新的全过程，困难面前排忧解难，勇往直前是创造型人才的基本特征。

⑦ 才思敏捷，激情迸发 敏锐的思维和热情奔放的工作激情是生命的最充分延伸，是创新人才工作进入佳境的条件，也是在成功道路上前进的标志。

针对创新人才的关键特征，组织有针对性的教育，对人才培养会产生积极作用。

（2）注重非智力因素的培养

非智力因素在创新能力的培养中有重要作用。一般来说，智力因素是由人的认识活动产生的，主要表现在注意力、观察力、想象力、思维力和记忆力五个方面。非智力因素是由人的意向活动产生的，从广义来说，凡智力因素以外的心理活动因素都可以称为非智力因素；从狭义来说，非智力因素主要表现为人的兴趣、情感、意志和性格。在创新教育过程中，除智力能力的培养外，还应注意非智力因素的培养。

① 兴趣 兴趣是人们在探索某种事物或某种活动时的意识倾向，是心理活动的意向运动，是个性中具有决定性作用的因素。兴趣可以使人的感官或大脑处于最活跃的状态，使人在最佳状态接受教育信息，有效地诱发学习动机和激发求知欲。所以，兴趣是人们寻求知识的强大推动力。注重创新教育过程中的兴趣培养是个性化教育的具体体现。

观察力是一种重要的智力因素，但兴趣是观察的先导，并对观察的选择性、完善性和清晰程度施加影响。兴趣有助于提高观察效果，而观察效果的提高又促进了观察力的提高。

兴趣是引起和保持注意力的源泉，使受教育者自觉地把注意力集中在某一领域，促进了智力因素的提高。

兴趣能激发人的积极思维活动，从而促进人们寻找分析问题和解决问题的办法，促进创造活动的积极开展和深入进行。

兴趣能推动人们广泛接触新鲜事物，引导他们参加各种实践活动，开阔眼界，丰富心理生活，为观察打下坚实的基础，使想象更加丰富，促进人们的知识领域向更高的层次发展。兴趣不仅关系到人们的学习质量和工作质量的提高，而且关系到他们的潜在素质和创新能力的提高与发展。所以，科学家爱因斯坦说"兴趣是最好的老师"。

② 情感　情感是人的需要是否得到满足时所产生的一种对事物的态度和内心的体验。任何创造性活动都离不开情感。情感是想象的翅膀，丰富的情感可以使想象更加活跃。抛弃旧技术，发现新技术，离不开想象。想象可以充分发挥人的创造精神，没有想象，就没有创造，就没有科学的进步和发展。

情感影响人的思维品质。情感高涨时求知欲强烈，人的思维活动更加活跃，效率更高，更容易突破定势思维，形成创造性思维，提出创造性的见解。所以，情感是思维展开的风帆。

情感影响人的记忆力。记忆的基本功能是保存过去的知识和经验，没有记忆就没有继承和发展，就不可能认识客观事物。强烈的兴趣和饱满的情绪可以产生良好的记忆。情感的变化必将影响牢固的记忆。有了浓厚的兴趣、良好的情感，才能产生敏锐的观察力，随之产生的可靠记忆和丰富的想象，都会导致创造性成果的产生。

③ 意志　意志是为达到既定的目标而自觉努力的心理状态，在智力的形成与发展中起着重要的作用。坚强的意志才能保证人们在探索与实践的道路上百折不挠。意志是一种精神力量。任何意志总是包含有理智成分和情绪成分，认识越深刻，行动越坚强。意志能使人精神饱满，不屈不挠，为达到理想境界坚持不懈地斗争。

情感伴随着认识活动而出现，情感中蕴藏着意志力量，也是意志的推动力。反过来，意志控制和调节情感。人在认识世界和改造世界的过程中，总是会遇到各种各样的困难。没有困难，就没有意志的产生。所以在人的实践活动中，明确的奋斗目标是意志产生的先决条件。

④ 性格　性格是人在行为方式中所表现出来的心理特点。性格影响人的智力形成和发展。良好的性格是事业成功与否的重要条件。性格和意志是可以通过教育转化的，如勤劳与懒惰、坚强与软弱、踏实与浮躁、谦虚与自负等都可以互相转化。

通过对这些非智力因素的培养，充分发挥每个人的主观能动性，使他们始终处于主动学习和主动进取的状态，不仅对促进智力因素的培养发展有很好的作用，同时也是素质教育的重要组成部分。高等学校在人才培养过程中，往往注重智力因素的培养，忽视诸如兴趣、情感、意志和性格等非智力因素的培养，这会影响创新人才，特别就拔尖人才的培养。

第**2**章 CHAPTER 2 机械创新设计概述

2.1 机械创新设计的内容

2.1.1 有关机构的几个名词术语

在机械创新设计过程中，机构、最简机构、基本机构、机构的组合是使用得最多的术语，以下分别说明。

① 机构 机器中执行机械运动的装置统称为机构。

② 最简机构 把 2 个构件和 1 个运动副组成的开链机构称为最简单的机构，简称最简机构。其要素是组成机构的最少构件为 2 且为开链机构。图 2-1 所示机构为最简机构的两种形式。其中，电动机、鼓风机、发电机等定轴旋转机械的机构简图常用图 2-1(a) 所示的最简机构表示；往复移动的电磁铁机构和液压缸机构等常用图 2-1(b) 所示的最简机构表示。

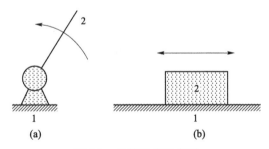

图 2-1 最简机构示意图

1—机架；2—构件

机构学中，图 2-1(a) 所示的最简机构应用比较广泛，机械的原动机常用最简机构表示。

③ 基本机构 把含有 3 个构件以上、不能再进行拆分的闭链机构称为基本机构。其要素是闭链且不可拆分性。如各类四杆机构、五杆机构、3 构件高副机构（凸轮机构、齿轮机构、摩擦轮机构、瞬心线机构）、3 构件间歇运动机构和螺旋机构、3 构件的带传动机构和链传动机构等都是基本机构。任何复杂的机构系统都是由基本机构组合而成的。这些基本机构可以进行串联、并联、叠加连接和封闭连接，组成各种各样的机械，完成各种各样的动作。所以，研究基本机构的运动规律以及它们之间的组合方法，是研究机构创新设计的本质。

图 2-2 所示的单自由度铰链四杆机构和二自由度的五杆机构都是基本机构，它们都是闭链且具有不可拆分性。

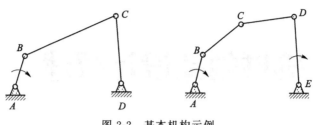

图 2-2   基本机构示例

④ 机构的组合   各基本机构通过某些方法组合在一起，形成一个较复杂的机械系统，这类机械是工程中应用最广泛，也是最普通的。

基本机构的组合方式有两类：一是各基本机构之间没有互相连接，而是各自单独动作，但各机构的运动关系必须满足一定协调关系的机构系统。

图 2-3 所示的自动输送机械系统中，液压机构 2 把物料 5 从传送带Ⅰ上自左向右推动到传送带Ⅱ上，液压机构 4 把物料从传送带Ⅱ上自下往上推动到指定位置。两套液压机构互不连接地单独工作，其运动的协调由控制系统完成，实现既定的工作目标。这类机械系统的应用很广泛，设计中的主要问题是机构的选型设计与运动的协调设计。目前，采用自动控制的方法进行运动协调设计的机械装置越来越多。

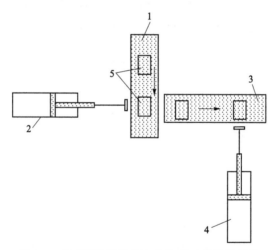

图 2-3   由互不连接的基本机构组成的机构系统
1—传送带Ⅰ；2—液压机构Ⅰ；3—传送带Ⅱ；4—液压机构Ⅱ；5—物料

二是各基本机构通过某些连接方式组成一个机构系统，机构之间的连接方式主要是串联组合、并联组合、叠加组合和封闭组合四种，其中串联组合是应用最普通的组合。图 2-4 所示的机构系统中，带传动机构、蜗杆机构、摆动滚子从动件凸轮机构、铰链四杆机构和正切机构互相串联，形成一个复杂的机械系统，实现物料的分拣作用。实际机械装置中，各种基本机构采用不同的连接方法进行机构的组合设计，可得到许许多多的新型机械。这类机械是应用最广泛的机械。

只要掌握基本机构的运动规律和运动特性，再考虑到机械系统的具体工作要求，选择适当的基本机构类型和数量，对其进行组合设计，就能为创造性设计新机构提供一条最佳途径。

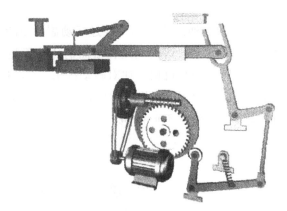

图 2-4　连接基本机构组合组成的机构系统

2.1.2　机构创新设计的内容

机构创新设计的内容可分为三大类，即机构的创新设计、机构的应用创新设计和机构组合的创新设计。

（1）机构的创新设计

机构的创新设计是指利用各种机构的综合方法，设计出能实现特定运动规律、特定运动轨迹或特定运动要求的新产品的过程。每一种新机构的问世，都会带来巨大的经济和社会效益，并促进人类社会的发展。如瓦特机构、斯蒂芬森机构促进了蒸汽机车的发展，斯特瓦特机构导致了新型的航天运动模拟器、车辆运动模拟器和并联机床的诞生。

图 2-5 所示为瓦特机构的应用。所以每创新出一种新机构，都会促进生产的发展和科学技术的进步。

图 2-5　瓦特机构的应用

（2）机构的应用创新设计

机构的应用创新设计是指在不改变机构类型的条件下，通过机构中的机架变换、构件形状变异、运动副的形状变异、运动副自由度的等效替换等手段，设计出满足生产需要的新产品的过程。

一个很简单的机构，通过一些变换，可以设计出各种不同形状的机械装置，满足各种机械的工作需要。

图 2-6(a) 所示为一个常见的曲柄滑块机构，经过运动副 *B* 的销钉扩大后，可演化出图 2-6(b) 所示的偏心盘机构，该机构可广泛应用在短曲柄的冲压装置中。对运动副 *B*、*C* 进行变异后，可得到图 2-6(c) 所示的泵机构。如对转动副 *B*、*C*，移动副及其构件形状同时进行变异，可得到图 2-6(d) 所示的剪床机构。相同机构采用不同的变异方式，可获得许多机构简图相同，但其机械结构和用途不同的机械装置。这类设计称为机构的应用创新设计。

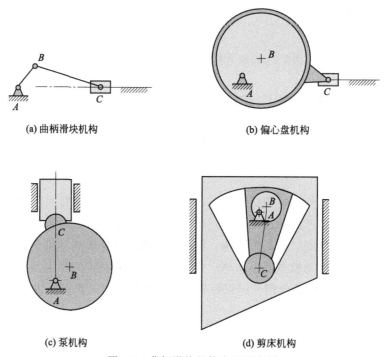

(a) 曲柄滑块机构   (b) 偏心盘机构

(c) 泵机构   (d) 剪床机构

图 2-6   曲柄滑块机构应用示意图

由于机构的类型有限，只有通过应用创新，才能不断扩大其应用范围。

(3) 机构组合的创新设计

机构组合的创新设计通常有两种模式：一是各种基本机构单独工作，通过机械手段和控制手段实现它们之间的运动协调，形成一个完整的机构系统，完成特定的工作任务。二是各种基本机构或杆组通过特定的连接方式，组合成一个能完成特定工作要求的机构系统，从而完成特定的工作任务。

2.2　机械创新设计的一般原则

原理方案确定的工艺动作是否能够实现，是否能够实现得好，机构设计是关键。

机构种类繁多，除了纯机械式的传统机构，如连杆机构、凸轮机构、齿轮机构、挠性构件机构外，还有利用液、气、声、光、电、磁等工作原理理论设计制成的所谓"广义机构"，如液压机构、气动机构、声电机构、光电机构、电磁机构、记忆合金机构、机电组合机构、微动机构、微型机构、信息机构等。机构的结构不同、类型不同、工作原理不同，其性能、效率、安全性、可靠性、可操作性和经济性也各不相同。不同的机构可以实现不同的运动，也可以实现相同的运动；同一机构经过巧妙的改造能够获得和原来不相同的运动或动力特性；一个机械产品的工艺动作有时也许只需用一个很简单的机构就可以实现，有时也许需要一些复杂的机构，甚至需要多个机构共同协调运动才能实现。因此，如何独具匠心地创造出新机构，如何独出心裁地将多个机构集成在一起，使之成为一个能理想地完成设计任务的功能载体，是机构创新设计中一个富有挑战性的关键环节。

与原理方案设计一样，机构创新有法而无定法。说有法是因为许许多多潜心从事机构学研究的学者和工程技术人员，在长期的生产实践和理论研究中为我们归纳总结出了大量的经验，形成了比较丰富和系统的机构创新设计的理论，这些理论能够帮助设计者在机构的创新过程中思维得到较好的发散和收敛，使机构创新成为可能。说无法是因为在机构的具体创新过程中，设计者必须根据设计的特点自己建立创造目标，并根据目标的特点从技术上、结构上去分析许多因素，考虑各种观点，综合运用各种创新思维和创新技法进行推理和探索，并通过实践进行修正和完善，从而才有可能使自己的预见和设想得到印证，使机构创新成为现实。因此，机构创新除了要求创新者掌握一定的创新理论和技法外，还要求创新者必须较好地掌握相关基础知识及相关理论，必须具有较强的机构分析和综合的能力以及较丰富的机构设计的实际经验。特别是在科技技术飞速发展的今天，机构创新涉及的技术领域不断扩展，各门学科交叉不断加剧，机构的门类变得越来越多，机构的种类和形式已经从传统机构的基础上迅速地得到拓展和延伸，这无疑对机构创新者的知识水平、知识结构和创造能力提出了更大的挑战。当然，这也为创新者创造新机构开辟了更加广阔的空间。

机构创新虽然没有固定的模式可以遵循，但创新的方向不外乎两个。

① 构造全新的新机构。这类创新设计也称为机构的构型设计。

② 对已知机构进行变性创造。这类创新设计也称为机构的变异设计。

的确，要创造一种以前人们从未见过的新机构是一件非常困难的事，但是，如果能从现有的机构中发现一些尚未被人察觉的某些性能，并将其加以巧妙地利用，就有可能创造出一种新机构，这也可能是当今机构创造发明的重要方法之一。此外，设计者必须广泛地关注当今科学研究在各个领域中的发展，从中捕捉那些能产生运动的新原理、新技术、新方法、新材料和新结构，并及时将其转化应用于机构创新设计中，这也可能是机构发明创造的另一种重要方法。当然，大量的机构创新通常总是在有目的地选择已知机构（选型）的基础上，综合运用组合、变性、移植、还原等创造原理，通过联想、类比、求异、模仿、颠倒、替代等创新技术措施来实现的。因此，充分掌握好的已知基本机构的类型、特点及性能是机构创新的必要条件，也是机构创新的重要理论基础。

由于机构运动形式的多样性与复杂性，能实现同一运动功能的机构不止一种。建立机构评价和评优的标准成为确保原理方案能高质量实现的重要环节。因此，研究与机构创新设计相关的机构形式设计的一般原则和常用基本机构的特性及一般评价标准非常必要。

机构的形式设计是要解决以下关键问题：构造什么样的机构去实现原理方案所提出来的运动要求。这是机构设计中最富有创造性、最直接影响方案的可靠性与经济性的重要环节。因此，机构形式设计，在保证机构能满足基本运动要求的同时，还应满足机构设计的一些一般性原则，这些原则也是评价机构性能好坏的重要标准之一。这些一般性的原则如下。

（1）机构应尽可能的简单

机构越简单越好。所谓简单，是指机构的构件与运动副数量最少，即机构的运动链应最短。运动链短的机构有以下优点。

① 构件、运动副数量少，可降低生产成本、减轻产品的质量。

② 构件数量少，有利于提高产品的刚度，减少产生振动的环节，提高产品的可靠性。

③ 运动副少，有利于减少运动副摩擦带来的功率损耗，提高机械传动效率及使用寿命。

④ 运动副少，能有效地减少运动副的累积误差，提高产品的工作精度。

在对多种机构进行筛选比较时，如果每种机构均能满足方案的设计要求，尽管简单机构可能运动误差比复杂机构稍大，也宁可选运动误差稍大的简单机构而不选用运动误差小甚至理论上完全没有运动误差的复杂机构。例如，图 2-7 所示能实现直线轨迹的连杆机构，其中图 2-7(a) 中，由于 $AB=BC=BE$，E 点能精确实现直线轨迹。图 2-7(b) 为 E 点能实现近似直线轨迹的曲柄摇杆机构。图 2-7(c) 为 E 点能精确实现直线轨迹的八杆机构。由于八杆机构运动副数量多，运动累积误差大，在同一制造精度的条件下，八杆机构的实际运动误差为四杆机构的 2～3 倍。

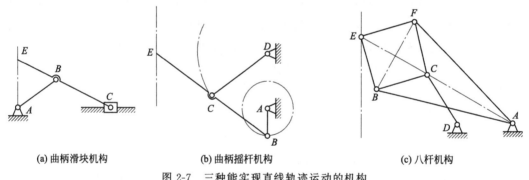

(a) 曲柄滑块机构　　　　(b) 曲柄摇杆机构　　　　(c) 八杆机构

图 2-7　三种能实现直线轨迹运动的机构

（2）机构尺寸应尽可能的小

在满足相同工作要求的前提下，不同的机构，其尺寸、质量和结构的紧凑性是大不相同的。例如，在传递相同功率并且设计合理的条件下，行星轮系的外形尺寸及质量比定轴轮系小；在从动件要求作较大行程的直线移动的条件下，齿轮齿条机构比凸轮机构更容易实现体积小、质量轻的目标。但如果要求原动件做匀速转动、从动件作较大行程的往复直线运动，齿轮齿条构件需增加换向机构，从而增加了结构的复杂程度，这时采用连杆机构可能更为合适。例如，图 2-8 所示为三种曲柄长度为滑块行程的四分之一的机构，图 2-8(a) 为连杆齿轮齿条机构（5 个构件、4 个低副、2 个高副）。图 2-8(b) 为六杆机构（6 个构件、2 个低副）。图 2-8(c) 为带导向销的等腰对心式曲柄滑块机构（4 个构件，4 个低副，1 个高副）。仅仅从要求机构最简单，且又能满足相同行程的角度出发，图 2-8(c) 所示方案由于构件和运动副数量均最少，结构最简单、体积也小，应该是三个方案中相对较好的。

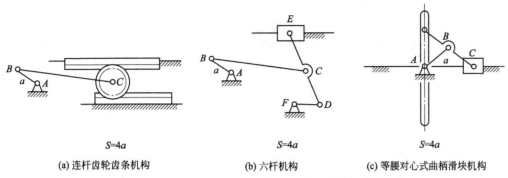

(a) 连杆齿轮齿条机构　　　(b) 六杆机构　　　(c) 等腰对心式曲柄滑块机构

图 2-8　三种曲柄长度相同的滑块行程为四倍曲柄长的机构

（3）注意运动副的类型选择

运动副元素是在相对运动时产生摩擦和磨损的主要原因，运动副的数量和类型对机构运动、传动效率和机构的使用寿命都起着十分重要的作用。

在一般情况下，转动副易于制造，容易保证运动副元素的制造精度和配合精度，采用标准轴承，精度和效率较高。移动副制造困难，不易保证配合精度，效率较低容易自锁，移动副的导轨需要足够的导向长度，质量较大。在进行机构构型设计时，应尽量少用不必要的移动副，在有可能的条件下，可用转动副代替移动副，如图 2-9（a）所示。或用无导轨的直线运动机构取代或减少移动副的数量，如图 2-9（b）所示。

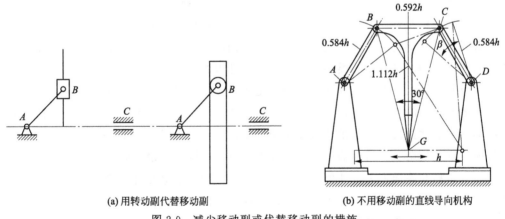

(a) 用转动副代替移动副　　　(b) 不用移动副的直线导向机构

图 2-9　减少移动副或代替移动副的措施

高副机构能用较少的构件实现从动件的复杂运动。但高副元素接触应力较大，运动副元素一般需用贵重的特殊材料制作，设计和制造精度要求较高，通常需要特殊的加工工艺和设备，由于易于磨损，需要较好的润滑条件，故通常只用于轻载的场合。在机构形式设计时，设计人员应根据设计要求权衡各方面的利弊得失，选择合适的机构类型。

（4）选择合适的原动机，尽可能减少运动转换机构的数量

机构的形式设计不可避免地要考虑采用何种原动机，因为执行机构的输入运动是由原动机经过变速或运动形式转换而获得的。原动机的运动参数和运动输入形式直接影响整个机构传动系统的繁简程度。目前工程中常用的原动机主要有三类。

① 内燃机　这类原动机主要有汽油机和柴油机。由于内燃机目前主要采用曲柄滑块机构（长短幅外旋轮线缸体、三角形旋转活塞式发动机由于高速时输出扭矩小，其可靠性及经济性尚需进一步改进等原因，目前应用尚不普遍），利用燃气的爆炸力推动活塞带动曲柄转动，内燃机活塞在曲柄滑块机构的两个运动循环中只有部分行程对外做功，另外的行程需依靠飞轮惯性和其他活塞工作维持转动，因此，曲柄转速是不均匀的。此外，内燃机的输出功率随其转速降低而减小，燃气的利用率降低，因此，内燃机不适合在低速状态下工作，用内燃机来驱动低速执行机构必须要采用减速设备，内燃机主要适用于没有电力供应或需在远距离运动中提供动力且对运动精度要求不高的场合。

② 气、液压马达，活塞式气、液缸，摆动式气、液缸　上述原动机可对外输出转动、往复直线运动、往复摆动，借助控制设备也能实现间歇运动。用它们作为执行构件获驱动执行构件可以简化机构的传动链。但上述原动机必须使用一定的设备来为气、液体增压和传输，成本及维护管理费用较高。用高压气体的原动机，运动迅速、反应快，有过载保护功能，但工作时速度稳定性差，难以获得大功率输出，噪声大，特别适合于易燃、易爆、多尘、强振、潮湿、温度变化大，有集中供气源的场合。用高压液体的原动机工作平稳，振荡和噪声小，易于实现频繁换向和启动，有过载保护功能，低速时能获得大功率输出，但是由于油液黏性受温度影响大，不适合于高、低温工况条件下工作。液压元件加工和配合精度要求较高，维护运行成本较高，且对环境有一定污染。

③ 电动机　电动机种类繁多，包括异步电动机、直流电动机、滑差电动机、直线电动机、双向电动机、步进电动机、伺服电动机等。电动机体积小、质量轻、运行平稳、噪声低、效率高、价格便宜、易于控制和调速。一般的电动机可向外输出转动，直线电动机可输出往复直线运动，双向电动机可输出往复摆动，伺服电动机和步进电动机容易实现各种速度的正反向间歇运动。电动机的类型不同，机械特性也不同。电动机的转速变化范围大，输出功率从零点几瓦到上万千瓦。因此，电动机是工程设计中最常用的原动机。

随着电子技术的飞速发展，机械系统由传统的刚性机械系统逐渐向由伺服控制系统直接控制电动机轴驱动执行构件的柔性机械系统发展，从而大大简化了机械传动系统的传动链，使机构能实现更复杂、更精确的运动。设计者在进行机构形式设计时，应充分认识这种由机械与电子技术相互渗透带来设计思想方法上的变化，利用机电互补、机电结合、机电组合等方法，充分发挥机电一体化的优越性，创造出性能更优良的机械产品。

(5) 应使机构具有良好的传力条件和动力特性

在进行机构形式设计时，应选择效率高的机构类型，并保证机构具有较大的传动角和较大的机械增益，从而可以减小机构中构件的截面尺寸和质量，减小原动机的功率。

对于高速运动的机构，要注意构件的运动形式对机构带来的不利影响。较大偏心质量的回转构件和大质量的往复运动构件在机构运动时会产生较大的动负荷，引起较大的冲击和振动，因此要注意构件质量的平衡。机构中作一般平面运动或空间运动构件质量产生的惯性力和惯性力矩实现完全平衡比较困难，应尽量避免选择具有这种构件的机构。当必须采用时，除了采取平衡措施外，还应尽量避免其在高速或容易发生共振的频率条件下运动。

机构进行尺度综合时，在能满足设计要求的条件下，应尽可能缩小机构的"体积"和外形尺寸，尽可能减小构件的运动空间，从而降低机构运动时产生的动负荷和能耗。

机构形式设计要注意运动副组合带来的过约束。图 2-10 所示为几种导轨构型，其过约束数计算如下。

图 2-10(a) 中由于导轨由三个平面副构成，每个平面副的约束数为 3，而导轨只能保留一个移动自由度，即约束只能为 5，故其过约束数为 4。

图 2-10(b) 所示导轨由两个圆柱副构成，每个圆柱副的约束为 4，故过约束数为 3。

图 2-10(c) 所示导轨由三个圆柱平面副构成，每个圆柱平面副的约束为 2，故导轨中存在的过约束数为 1。

图 2-10(d) 所示导轨由一个圆柱副和一个球体平面副构成，球体平面副的约束为 1，故导轨中存在的过约束数为 0。

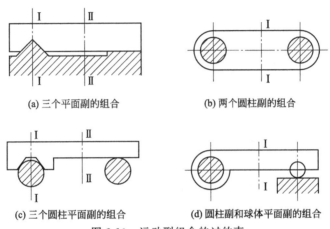

(a) 三个平面副的组合　　　　　　(b) 两个圆柱副的组合

(c) 三个圆柱平面副的组合　　　　(d) 圆柱副和球体平面副的组合

图 2-10　运动副组合的过约束

由此看来，运动副组合不恰当将造成机构中产生过约束。过约束会造成机械装配困难，增大运动副中的摩擦与磨损，从而降低机构的寿命。过约束甚至会产生楔紧而使机构无法运动。然而在很多机构中广泛地存在着过约束的问题，例如，为了平衡行星轮运动时产生的离心惯性力，改善轮齿的受力，实现功率分流；为了用较小体积的机构实现大功率传递，行星轮系中常用多个行星轮，从而产生了过约束问题。让某些构件"弹性浮动"，使机构成为一个自适应系统，可以大幅度降低对构件制造精度的要求，减轻过约束带来的不利影响，降低生产成本和装配难度，提高机构的传动性能和使用寿命。

低副中两运动副元素构件的相对运动存在着可逆性，即组成运动副的中空构件与插入构件位置互换不影响机构的相对运动关系，但这种位置互换可能引起构件受力的改变。例如，图 2-11(a) 所示机构将滑块与导杆位置互换后，虽然作用力的位置相同，大小也未变，但各物体的受力却发生了改变。图 2-11(b) 所示的复合铰链，将中空构件与插入构件互换可以得到另外不同的结构形式，原来构件 1 为多副杆，而构件 2、3、4 为单副杆。经变化后，构件 1、4 为单副杆，而构件 2、3 变为多副杆。显然，从制造、安装和构件受力的角度看，将单副杆 2、3 变为多副杆并不是一个好的选择，因此，应尽可能地减少多副杆数量，并让强度好、刚度高的构件作为多副杆，而且最好使其作为机架，这样有利于提高机构的刚度和运动精度，改善构件的受力。

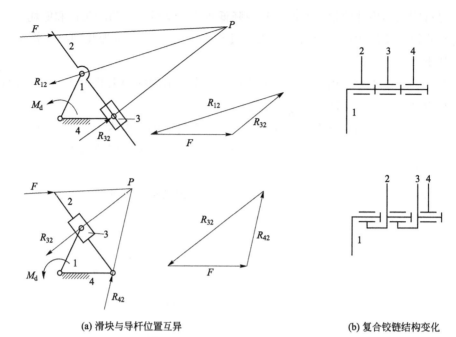

(a) 滑块与导杆位置互异   (b) 复合铰链结构变化

图 2-11   低副元素位置互异对受力的影响

对于有转动副的移动副，转动副在移动副上的位置也是一个应当认真注意的问题。如图 2-12 所示的滑块，转动副在移动构件上的位置的改变将直接影响到移动副中摩擦力的大小。因此，应尽量使转动副位于两移动副元素的直线上，从而可以减少移动副中的摩擦，提高机构的传动效率。

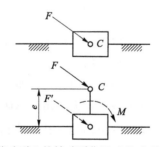

图 2-12   移动副上的转动副位置对移动副受力的影响

2.3   常用基本机构的特性及一般评价

机械产品的运动功能总是通过机构将原动机的输出运动经过必要的转换来实现的。在目前的条件下，尽管有这样那样类型的原动机，绝大多数的机械产品仍然愿意采用运动特性好、能量转换率高的笼型异步电动机。因此，能将连续转动转换为其他运动形式的机构仍然是设计者最常采用的机构。掌握好这些常用机构的运动特性，熟悉它们所能实现的功能，了解它们的优缺点，对于设计者正确地选用或从中获得启动来创新机构都是十分必要的。表 2-1 给出了原动件是转动的常用机构功能表，可供设计者设计时选用参考。

表 2-1 常用机构的运动转换及功能表

执行构件的运动和功能	连杆机构	凸轮机构	齿轮机构	其他常用机构
匀速运动	平行四边形机构、双转块机构		圆柱齿轮机构、周转轮系、谐波、活齿、摆线针轮传动	带、链、挠性件传动、摩擦轮机构
非匀速运动	双曲柄机构、转动导杆机构、转块机构		非圆齿轮机构	
往复移动	曲柄滑块机构、移动导杆机构、楔块机构	移动从动杆凸轮机构	齿轮齿条机构	螺旋机构、气、液动机构
往复摆动	曲柄摇杆机构、摆动导杆机构、曲柄摇块机构	摆动从动杆凸轮机构	齿条齿轮机构	气、液动机构
间歇运动	可以实现	凸轮机构容易实现	不完全齿轮机构	棘轮机构、槽轮机构
点的复杂轨迹运动	连杆上的点		行星轮系中行星轮上的点	
差动	两自由度连杆机构		差动轮系	差动螺旋机构、差动棘轮机构
增力	肘杆机构、杠杆机构		减速传动	
过载保护				带传动、摩擦传动机构
换向			增减惰轮、滑移齿轮	

从表 2-1 中可以看出：满足同一运动输出形式或具有相同功能特点的机构有很多。设计者在进行机构形式设计时面临的问题是：怎样根据具体设计任务科学合理地选择机构？为了减少选择机构的主观性、片面性和盲目性，提高设计的效率和质量，最好的办法是建立选择机构的评选技术标准和相应的评选方法。根据专家们的经验，可以从运动性能、工作性能、动力性能、经济性能和结构性能五个方面对机构进行评价。这五个方面的内容还可以进一步细分为一些更详细更具体的技术指标，设计者可以用评分法或模糊评价法等，对上述指标进行（加权）评分，最后根据评价结果确定首选的机构。表 2-2 以连杆机构、凸轮机构、齿轮机构和组合机构四种最常用的机构，采用模糊评价法就上述五方面的内容作出一个初步的评价。

如果上述机构还需进一步进行评价选优，可以根据机构的具体应用情况，拟定相应的评价体系，对其中某些指标给予较大的重视。例如，对于重载工况，应对承载能力一项给予较大重视；对于高速工况，应对运动速度、振动、噪声、尺寸、质量等项予以较大的关注。总之，科学地选择评价指标，建立科学的评价体系是一项十分细致和复杂的综合性工作，也是设计者面临的重大课题。因为，设计是以设计者为主体的创造性活动，它既不是一种无拘无束的自由之作，也不是一种可以按某种确定方法就可能取得确定结果的程序化操作。评价的目的不仅是为了分析比较一些单项指标的优劣，更重要的是要从产品的整体利益来选择机构，机构选择的最终原则是为了创造出质优价廉的新产品。

表2-2   四种常用机构性能的初步评价表

性能指标	具体评价指标	评价			
		连杆机构	凸轮机构	齿轮机构	组合机构
运动性能	①运动规律形式	任意性较差，只能达到有限个精确位置	基本上任意	一般定速比转动或移动	基本上可以任意
	②传动精度	较高	较高	高	较高
工作性能	①应用范围	较广	较广	广	较广
	②可调性	较好	较差	较差	较好
	③运动速度	高	较高	很高	较高
	④承载能力	较大	较小	大	较大
	⑤耐磨性	耐磨	差	较好	较好
	⑥可靠性	可靠	可靠	可靠	可靠
动力性能	①加速度峰值	较大	较小	小	较小
	②噪声	较小	较大	小	较小
	③效率	较低	较高	高	较高
	④平稳性	较差	较差	好	较好
经济性能	①制造难易	容易	困难	较难	较难
	②制造误差敏感	不敏感	敏感	敏感	敏感
	③调整方便性	方便	较麻烦	较方便	较方便
	④能耗大小	一般	一般	一般	一般
结构性能	①尺寸	较大	较小	较小	较小
	②质量	较轻	较重	较重	较重
	③结构复杂性	简单	复杂	一般	复杂

第**2**篇

机械机构创新设计与图例

第**3**章 CHAPTER 3 机构的创新设计方法

大量实践表明：常用基本机构通常完全可以胜任一般性的设计要求。在机构综合过程中，设计者一般都会对机构的形式、结构、尺寸作出这样那样的改进，或采用几种机构共同协作来实现满足设计任务的各种要求，这实际上是对已有机构进行某种创造性的改造，本质上就是一种创新，只是设计者这时可能对机构创新方法缺乏系统而明确的认识，这种创造性的劳动带有一定的盲目性。本章对目前机构设计中已有的创新方法进行归纳总结，使设计者达到举一反三的目的，学会如何对机构进行有目地创新性改造，学会如何应用创造原理去创造新的机构。

创新的方法很多，机构创新也不是可以简单用几段文字就能叙述清楚的。机构创新更重要的方法是：多看、多想，勤动脑、勤动手，通过学习掌握必要的创新理论，通过实践丰富自己的积累。只有这样，才能真正掌握好机构创新的秘诀。

3.1 机构创新的组合原理

按技术来区分，创新可分为两大类：一类是采用全新的技术，称为突破性创新；另一类是采用已有的技术进行重组，称为组合性创新。组合性创新相对于突破性创新更容易实现，是一种成功率较高的创新方法。

将一个基本机构与另一个或几个基本机构或基本杆组按一定方式有目的地进行组合，构建成一个新机构的设计过程称为机构的组合创新，所获得的新机构称为组合机构。

将多个基本机构或杆组进行组合，一方面可以克服单一机构性能方面的不足，使基本机构的功能得到拓展，同时也能充分发挥各基本机构的特点，达到或取长补短，或相得益彰共同协作实现设计任务要求的目的。

基本机构与基本机构最常用的组合方式有四种：串联式、并联式、复合式和叠加式。

3.1.1 串联式组合机构的创新设计

机构串联式组合是将若干单自由度基本机构或基本杆组按动作执行的顺序依次相连的组合。按这种组合，前置基本机构的运动输出构件可以是连架杆，这称为Ⅰ型串联，这时前置基本机构的运动输出构件就是后置基本机构的运动输入构件；前置基本机构的运动输出也可以是连杆上的一个点，这称为Ⅱ型串联，这时前置机构一般通过连杆上的铰链点与后置基本杆组串联。两种组合方式可用图3-1所示的框图表示。

(a) Ⅰ型串联　　　　　　　　　(b) Ⅱ型串联

图 3-1　串联式组合机构组合方式

　　Ⅰ型串联式组合常用于改善输出构件的运动和动力特性，或用来实现运动或力的放大。例如，原动件匀速转动的后置基本机构的运动输出构件速度或加速度波动太大时，可以在该机构前串联一个能输出非匀速运动的前置机构，以改善后置基本机构的运动输出结果。

　　Ⅱ型串联式组合常利用前置基本机构连接点的特殊运动轨迹来实现后置基本杆组运动输出构件运动输出结果。

　　图 3-2(a) 所示为一双曲柄机构与槽轮机构的串联式组合。其中前置双曲柄机构 *ABCD* 的运动输出构件 *CDE* 同时也是后置槽轮机构的运动输入构件。该方案之所以选用这两种基本机构进行串联组合，其创意的主要出发点是希望借串联的前置机构来改善后置槽轮机构的运动输出特性。对于单一的槽轮机构来说，当销轮匀速转动时，槽轮转动的速度与加速度波

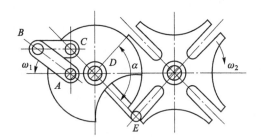

(a) 双曲柄机构与槽轮机构的串联组合

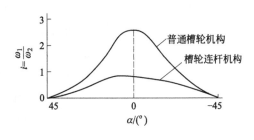

(b) 槽轮输出角速度变化曲线比较

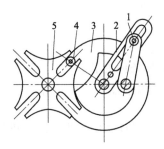

(c) 转动导杆机构与槽轮机构的串联组合

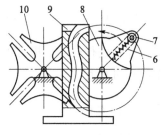

(d) 凸轮机构与槽轮机构的串联组合

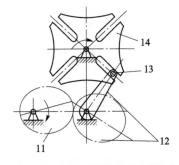

(e) 椭圆齿轮机构与槽轮机构的串联组合

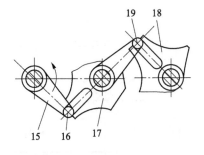

(f) 槽轮机构与槽轮机构的串联组合

图 3-2　不同前置机构与槽轮机构的串联组合

1—曲柄；2—导杆；3,8—主动拨盘；4,7,13,16,19—拨销；5,10,14—槽轮；6—弹簧；9—固定凸轮；11—主动椭圆齿轮；12—带有拨销的椭圆齿轮；15—前置槽轮机构的主动拨盘；17—前置槽轮；18—后置槽轮

动较大，冲击和振动比较厉害。设计者采用一双曲柄机构与之串联，借主动曲柄匀速转动时从动曲柄（即销轮）作变速转动的特点，使槽轮的运动输出特性得以改善。正确地综合前置机构的几何尺寸，可以使槽轮实现作近似匀速的转位运动，从而降低销与槽轮的冲击和由此而引起的振动。图 3-2(b) 所示是图 3-2(a) 组合机构经优化设计后的槽轮输出角速度变化曲线，与单一槽轮机构槽轮角速度变化曲线比较，可以看出：组合机构的运动和动力输出特性较单一槽轮机构有了较大的改观。按照上述创新思维方法，我们也可以用转动导杆机构、

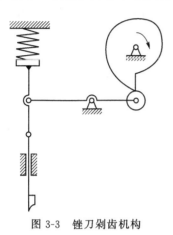

凸轮机构、椭圆齿轮机构或槽轮机构分别与槽轮机构进行串联组合，如图 3-2(c)～(f) 所示，它们同样能达到改善后置槽轮机构运动和动力输出特性的目的。

图 3-3 所示为一锉刀剁齿机构。分析后不难看出：这是一个摇杆滑块机构和凸轮机构串联组成的组合机构。该组合机构的设计有两大特点：一是充分地利用凸轮机构设计的灵活性，使弹簧被逐渐压缩储存能量后，弹力势能能得到快速释放；二是后置摇杆滑块机构的传动角大、机械增益高，在弹力的迅速作用下，对锉刀坯的冲击力大，这种冲击效果是很难由单一基本机构实现的。

图 3-3　锉刀剁齿机构

用两个齿轮齿条机构串联，若驱动其中一根齿条，另一根齿条可以放大或缩小主动齿条的位移量。根据这一设想可以设计一个如图 3-4 (a) 所示的放大行程的串联式组合机构。设图中双联齿轮的节圆半径分别为 r'_1 和 r'_2。当气缸推动齿条 1 向右移动位移量为 S_1 时，齿条 2 向左的位移量 $S_2 = \dfrac{r'_2}{r'_1} S_1$。

对该组合机构进行运动分析可以发现：当图 3-4(a) 中齿条向右移动 S_1 的同时，如果我们给整个组合机构加上一个向左的位移量 S_1，则齿条 1 将不动，双联齿轮将向左移动 S_1，而齿条 2 会向左移动 $S_1 + \dfrac{r'_2}{r'_1} S_1$，同样的位移量使齿条 2 的行程进一步增大。因此，将图 3-4(a) 改成图 3-4(b) 的形式，即将气缸与双联齿轮的回转中心连接，该组合机构增大行程的功能将得到进一步的增强。

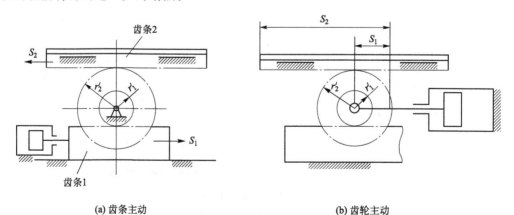

(a) 齿条主动　　　　　　　　　　　　　　(b) 齿轮主动

图 3-4　两个齿条机构串联组合的大行程机构

如图 3-5 所示，将后置Ⅱ级基本杆组的一个外接铰链与前置机构连杆上的点连接，利用前置机构连杆上某些点能实现特殊轨迹运动，而使后置Ⅱ级基本杆组的运动输出构件能作长时间停留的间歇运动。

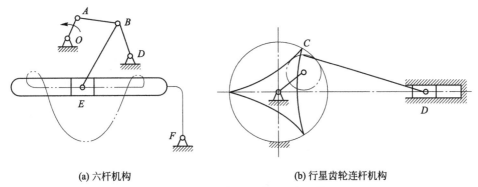

(a) 六杆机构　　　　　　　　　　　(b) 行星齿轮连杆机构

图 3-5　具有停歇运动的组合机构

在图 3-5(a) 所示的例子中，设计者将具有一个滑移副的Ⅱ级基本杆组串联在一个曲柄摇杆机构的连杆上，由于该曲柄摇杆机构连杆上 E 点有一段近似直线的轨迹，而设计者把基本杆组的导杆安装成使其直导轨与该直线轨迹重合，于是当前置机构曲柄连续转动时，组合机构的运动输出构件——导杆能作长时间停歇的间歇摆动。如图 3-5(b) 所示，出于相同的思考方法，将一个行星齿轮连杆机构与滑块Ⅱ级基本杆组串联，由于前置行星轮齿轮机构行星轮的节圆直径为太阳轮节圆直径的三分之一，行星轮节圆上任一点的轨迹是近似由三段圆弧组成的内摆线，且每段圆弧的半径约为行星轮节圆半径的八倍，故将后置连杆滑块的连杆做成八倍行星轮节圆半径长，将连杆一端的 C 点铰接在行星轮的节圆上，当连杆上 C 铰接点在内摆线的圆弧上运动时，滑块上的铰链 D 正好位于圆弧的圆心上使滑块不动，从而实现了滑块作有较大停歇时间的间歇运动。

从上面的举例可以看出：充分掌握各种基本机构的性能及其特点，是组合创新必不可少的基本条件。因为，基本机构是组成组合机构的基本要素，组合要素匮乏，组合的灵感也就无从谈起。

Ⅰ型串联式组合机构的创新设计通常是先选择后置基本机构，然后根据设计的特点选择与后置机构串联的前置基本机构，利用前置基本机构运动输出来修正后置机构的运动输出以满足设计要求。对于Ⅱ型串联式组合机构，由于基本杆组的运动特性完全取决于与之相连的前置机构，因此，Ⅱ型串联组合机构应将前置基本机构与基本杆组进行统一综合分析，才能获得满意的设计结果。需要注意的是：在满足设计要求的条件下，组合机构中的基本机构及基本杆组的数量应力求最少。

3.1.2　并联式组合机构的创新设计

两个或两个基本机构并列布置称为机构的并联式组合。设 A、B 为基本机构，并联式组合机构的类型和运动传递方式如图 3-6 所示。图 3-6(a) 所示的并联式组合主要特点是：实现两机构输出运动的合成。图 3-6(b) 所示的并联式组合主要特点是：先将一个运动分解传递给两个独立的机构，然后将两个机构的输出运动通过共同的运动输出构件合成为一个运动。图 3-6(c) 所示的并联式组合机构的主要特点是：将一个运动同时输入两个基本机构中，得到两个相互独立且相互协调的运动输出。

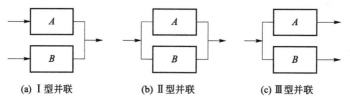

(a) Ⅰ型并联　　　(b) Ⅱ型并联　　　(c) Ⅲ型并联

图 3-6　并联式组合方式

图 3-7 所示为某型飞机上采用的襟翼操纵机构，它由两个尺寸相同的齿轮齿条机构并联

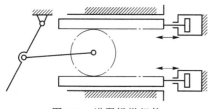

图 3-7　襟翼操纵机构

组合而成，两个可移动的齿条分别用两台直移电动机驱动。这种设计的创意特点是：两台电动机共同控制襟翼，襟翼的运动反应速度快；其次，当其中一台电动机发生故障时，仍可以用另一台电动机单独驱动襟翼，增大了操纵系统的可靠性与安全系数。

大多数的工业机器人和传统的机床从结构上看都是由开链机构组成，因此，系统的刚度低，当系统速度高、工件大时，这个弱点更显突出。1956 年，D. Stewart 设计出图 3-8(a) 所示空间六自由度的并联机构的操纵臂后，人们又相继创造出各种并联操纵机构并大量地应用于机床、精

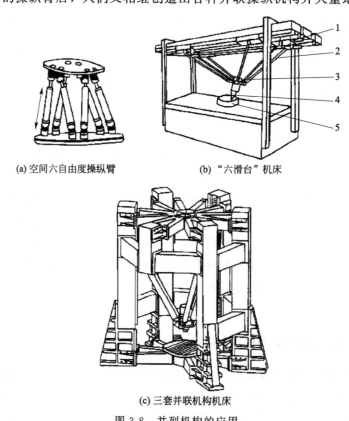

(a) 空间六自由度操纵臂　　　(b)"六滑台"机床

(c) 三套并联机构机床

图 3-8　并列机构的应用

1—滑台；2—杆；3—刀具主轴；4—刀具；5—工件

密仪器和机器人中。

图 3-8(b) 所示是瑞士新近开发的"六滑台"机床。图中三条并列的导轨上各有两个滑台,借助六个滑台的独立运动改变六条腿的参数,从而改变主轴和刀具姿态对工件进行加工。图 3-8(c) 所示是德国斯图加特大学研制的三条腿的机床示意图。每一条腿为一套运动机构,三套并联机构运动共同控制刀具的主轴姿态对工作进行加工。这些由并联机构构成的机床刚度高;每条腿只受拉力或压力,不承受弯矩或扭矩;移动部件质量小,动力特性好,结构简单;相同零件数量多,制造方便,成本低廉,使这种并联机构有着广泛的应用前景。

图 3-9(a) 所示为两种钉扣机的针杆传动机构。其中,左图为一个曲柄滑块机构与摆动从动件凸轮机构按图 3-6(a) 所示形式并联组成;右图为将左图中的凸轮高副低代后得到的变异机构,它由一个曲柄滑块机构和摆动导杆机构按图 3-6(a) 所示形成并联组合而成。当两机构的曲柄 AB 和 OC 运动时,针杆来回向滑块机构只完成进针运动,而导杆机构只完成来回移动针杆的运动,要准确地将针来回引导到扣眼上再将针插入扣眼,则需要两机构的曲柄运动配合十分协调而准确,在这种情况下用齿轮、带、链传动机构将两曲柄 AB 和 OC 的运动约束起来,用一台原动机驱动,形成图 3-6(b) 所示的结构形式是比较合理的。

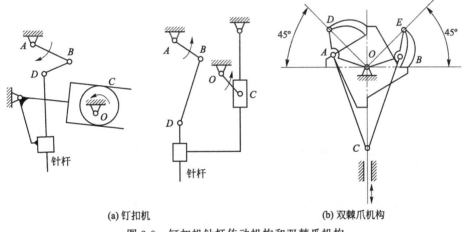

(a) 钉扣机　　　　　　　　　　(b) 双棘爪机构

图 3-9　钉扣机针杆传动机构和双棘爪机构

图 3-9(b) 所示双棘爪机构是按图 3-6(b) 所示形式组合而成的。该机构由两个连杆上带爪的曲柄滑块机构与棘轮并联对称布置而成。在图示位置情况下,当组合机构的原动滑块向下运动时,右边的棘爪在曲柄的带动下推动棘轮沿顺时针方向转过 45°角。与此同时,左边的棘爪却沿逆时针方向转过 45°角与棘轮轮齿接触。当滑块向上运动时,情况正好相反,左边的棘爪推动棘轮继续沿顺时针方向转动,而右边的棘爪沿逆时针方向转回 45°角与棘轮接触。滑块周而复始地做上下往复运动,棘轮则连续地沿顺时针方向转动。该组合机构充分利用了两个对称布置的曲柄滑块机构,当滑块为主动时,两曲柄会按相反方向运动的特点,使滑块在完成一个方向的运动过程中实现了使一个棘爪推动棘轮转动而另一个棘爪复位的两个运动,是一个很有创意的构思。

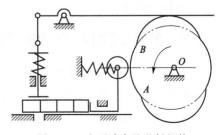

图 3-10　小型冲床及送料机构

图 3-10 所示小型冲床及送料机构是按图 3-6(c) 所示形式组合的。该组合机构由摆动从动杆凸轮机构与移动从动杆凸轮机构的并联组合而成，当原动凸轮转动时，便可得到对工件的冲压动作和移动工件的送料动作。该设计将驱动摆杆的凸轮与驱动移动从动杆的凸轮合并为一个，将凸轮 AB 廓线设计为一段以 O 为圆心的圆弧，从而保证了当冲头在冲压工件时，工件不动。如果用两只凸轮分别推动两从动杆，为了保证冲头在冲压工件时送料推杆不动作，而在冲压完成并离开工件一定距离后推杆才动作，设计者必须先根据冲头与推杆的时序关系设计好工作循环图，再根据工作循环图来确定两只凸轮在驱动轴上的安装位置。

并联式组合机构的创意出发点，一类是巧妙地利用机构的对称并列布置达到改善机构受力的目的。例如，图 3-11(a) 中由于采用了两个曲柄滑块机构按曲轴中心对称并联布置，机构的惯性力实现了完全平衡。如图 3-11(b) 所示活塞发动机，由于采用两个曲柄滑块机构对称并联，并在两曲柄上对称地安装了相同的惯性力平衡配置，使活塞运动时产生的一阶惯性力得到平衡，机构运动平面内的惯性力矩得到了完全平衡，从而减轻了机器的振动和噪声，气缸壁上的动压力大大降低，减少了气缸壁与活塞环的磨损，提高了机器的使用寿命。

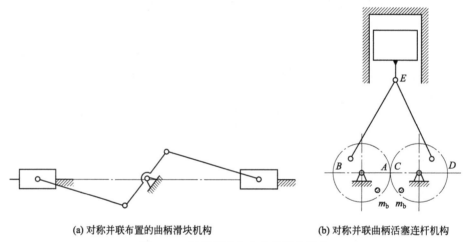

(a) 对称并联布置的曲柄滑块机构　　　　　(b) 对称并联曲柄活塞连杆机构

图 3-11　利用并联组合改善机构受力

并联式组合机构创意的另一目的是：利用运动的合成和分解来实现单一基本机构难以实现的复杂运动和特殊的工作要求。如果是以运动合成为设计目的，通常是以某一基本机构为设计基础，将另一基本机构的运动作该机构的补充或加强进行运动合成。如果是以运动分解为目的，两分解运动一定是非独立的（否则就不能称为组合机构），为了确保两运动输出时序配合的准确性，必须设计工作循环图，然后确定两基本机构原动件在共同运动输入轴上的正确安装位置关系。

3.1.3　复合式组合机构的创新设计

复合式组合是一种比较复杂的机构组合形式。在复合式组合机构中至少有一个自由度为 2 的基本机构，如差动齿轮机构、平面五杆机构等，它们是该组合机构的主体，被称为基础机构。除了基础机构之外，还有一些用来封闭或约束基础机构、自由度为 1 的基本机构，称为附加机构。设 A 为基础机构，B 为附加机构，基础机构与附加机构最基本的连接方式有两种情况，如图 3-12 所示。从图中可以看出：基础机构的两个输入运动，一个直接来自原动件，另一个来自附加机构的输出运动，两个运动经基础机构合成为一个运动输出。

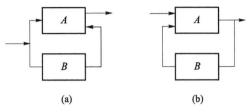

图 3-12　复合式组合的连接方式

由于基础机构的一个输入运动来自附加机构，使基础机构的输出运动受附加机构的影响变得更加复杂。因此，复合式组合机构常用来实现一些复杂和对运动有特殊要求的设计场合。

图 3-13 所示的组合机构为图 3-12(a) 所示复合方式组合而成。在图 3-13(a) 中，1-2-H 是一个自由度为 2 的差动齿轮机构，3-4 为附加的以凸轮为机架的摆动从动件凸轮机构。当以系杆 H 为主动件运动时，行星轮 2 的运动规律由沿凸轮廓线运动的摆动从动杆唯一确定，于是太阳轮将系杆和行星轮的运动合成为一个确定的输出运动。改变凸轮廓线可获得极其多样的运动输出规律。在图 3-13 (b) 所示的差动链传动机构中，运动输入给链轮 5 和凸轮 14，链轮 9 为运动输出构件，链轮 8 和杆 7 构成链条长度自动补偿装置。当差动杠杆 6 上的滚子 13 在凸轮上滚动时，链轮 10 的位置会随着凸轮廓线的变化而发生改变，使链轮 9 得到附加转动，从而使链轮 9 完成复杂的运动。

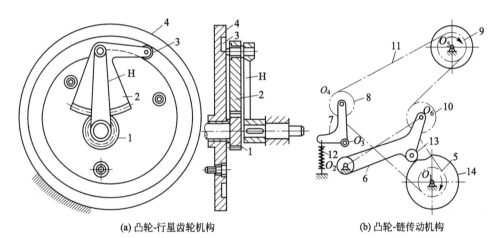

(a) 凸轮-行星齿轮机构　　　　(b) 凸轮-链传动机构

图 3-13　凸轮-行星齿轮机构和凸轮-链传动机构

1—太阳轮；2—行星轮；H—系杆；3,13—滚子；4—固定凸轮；5,8～10—链轮；
6—差动杠杆；7,12—链长自动补偿装置；11—链；14—凸轮

图 3-14 所示机构为按图 3-12(b) 所示方式复合的组合机构。该组合机构是由一个可沿轴向窜动的蜗杆机构和附加的凸轮机构复合组成。当蜗杆驱动蜗轮转动时，同时带动凸轮一齐转动，凸轮机构的从动杆随着凸轮廓线的变化作往复直线运动，反过来又驱动蜗杆沿其轴向左右窜动，蜗杆转动和移动合成使蜗轮转速变得时快时慢。该组合机构在齿轮加工机床上作为传动误差补偿机构而得到成功的应用。

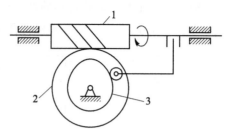

图 3-14 传动误差补偿机构

1—蜗杆；2—蜗轮；3—传动误差补偿凸轮

图 3-15 所示为两个差动轮系 1-2-5-4 和 5-6-3-4 与一个曲柄摇杆机构 $1'$-2-3-4 组成一个较复杂的复合式组合机构。机构的原动件为曲柄 l_{AB}，运动输出构件为齿轮 6，调整机架 l_{AD} 的长度可使构件 6 的角速度获得不同的运动变化规律。

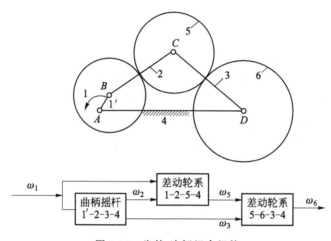

图 3-15 齿轮-连杆组合机构

$1,5,6$—齿轮；$1'$—曲柄；2—连杆；3—摇杆；4—机架

对于如图 3-13 和图 3-14 所示的复合式组合机构，在进行创新设计时可以先确定自由度为 2 的基础机构的一个原动件的运动规律，在此基础上使基础机构的从动件满足设计要求的运动规律，从而确定出基础机构另一个原动件所要求的运动规律，再以此条件来设计其附加约束机构。由于凸轮机构结构简单，并且可以通过对凸轮廓线的设计来实现复杂的运动规律，因此，在前面所举的三个设计例子都采用了凸轮机构作为附加约束机构。对于类似图 3-15 所示的两个差动齿轮机构与连杆机构组合，由于组合比较复杂，分析和设计均有一定的难度，需要设计者具有一定的机构分析设计能力和机构组合经验，创新设计这类组合机构可参阅有关参考文献。

3.1.4 叠加式组合机构的创新设计

将一个机构安装在另一个机构的某一个运动构件上形成的组合机构称为叠加式组合机构。其组合结构形式如图 3-16 所示。叠加式组合中的基本机构的运动关系有两种情况。

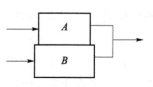

图 3-16 叠加式组合机构

一种情况是：各个机构的运动关系是相互独立的。例如，图 3-17 所示的机械手中构成肘、腕、手等机构的运动相互是完全独立的，控制手运动的机构安装在控制腕运动的机构上，而控制腕运动的机构又安装在控制肘运动的机构上，一层一层地叠加在一起，当三个机构同时运动时，机械手可以到达圆环柱面工作空间的所有区域。

另一种情况是：被叠加机构之间的运动不是完全独立的，机构与机构之间的运动有一定的相互联系。例如，图 3-18 所示电风扇摇头机构，带蜗杆的电动机是安装在双摇杆机构的摇杆上，而与蜗杆啮合的蜗轮是固定在双摇杆机构的连杆上的。蜗杆驱动蜗轮带动连杆转动而使摇杆摆动，摆动的摇杆带动风扇摆动，实现了电风扇在一定摆角范围内摇头送风的功能。

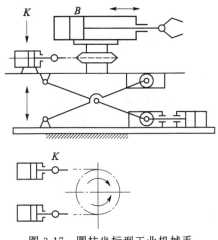

图 3-17　圆柱坐标型工业机械手

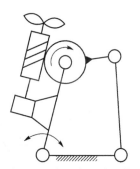

图 3-18　电风扇摇头机构

3.1.5　机构组合创新的功能-技术矩阵法

前面介绍的组合机构都是采用刚性基本机构进行组合的例子。当然也可以采用挠性构件机构，气、液压等其他类型的机构相互进行组合。虽然基本机构类型很多，但组合的方式却并不多。按相同组合方式组合而成的机构可以用相同或类似的方法去进行分析的综合。

需要强调的是：如果基本机构可以满足设计要求，就应当首选基本机构，没有必要采用组合机构。盲目过分追求机构组合方式的复杂性，除了会增加设计的难度外，复杂的运动链会降低机构的传动效率和运动精度。在必须采用组合机构时，也应力求使组合机构尽可能地简单。采用功能-技术矩阵分析方法能够达到上述要求。

任何复杂的运动都可以看成是由一些简单的基本运动的合成，这些简单的基本运动包括运动的放大或缩小、运动形式的变换、运动变向等，这些基本运动用图 3-19（a）所示的符号表示。

能够实现这些基本运动的基本机构可以通过设计目录查出。图 3-19（b）所示为实现其中三种基本运动功能的机构解法目录（其他目录内容略）。如果某一设计任务只需要上述三种运动功能就可以实现，那么只需将图 3-19（b）中列出的各种基本机构进行组合，再从组合机构中选优，就可以获得一个理想的组合机构方案。下面以设计一台精锻机的运动机构为

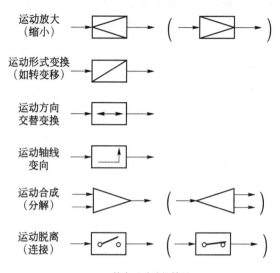

(a) 基本运动功能符号

传动原理	推拉传动原理			啮合传动原理	摩擦传动原理	流体传动原理
机构 功能	连杆机构	凸轮机构	螺旋、斜面机构	齿轮机构	摩擦轮机构	流体机构

(b) 解法目录

图 3-19　基本运动功能符号及部分解法目录

例，说明如何应用功能-技术矩阵法创新设计该机构。

　　设计要求：精锻机要求用电动机提供动力，冲头作上、下锻压动作，要求锻压机具有较高的锻压精度。从设计要求可知，该锻压机构应具有三个运动分功能。

　　① 能将转动转换为往复直线运动。

　　② 因为需要增力，应使输入运动速度减小。

③ 若电动机水平放置，应变换运动轴线方向。

图 3-19（b）所示的基本机构中，曲柄滑块机构完全可以实现上述全部功能要求，这也是为什么很多锻压、冲压机械都采用曲柄滑块机构的原因。而图中列出的其他一些基本机构，如凸轮机构（高副机构）、螺旋机构（效率低），都因存在这样那样的缺点而不适于单独用于锻压机。曲柄滑块机构虽然能完全实现上述运动功能要求，但机构在冲压工件时，受压的连杆既是主要的承力构件，又是作平面运动的运动构件，机构的综合刚度较差，用于精锻机上不够理想。我们考虑在组合机构中寻找更理想的方案，将上述三个运动分功能进行组合，可使图 3-20 所示的六种运动功能组合，再从图 3-19（b）所示三个分功能的解法中各任选一个机构进行组合，可得 $7^3 = 343$ 个组合机构方案，这些方案中有些是重复的，有些组合是不适合的。通过筛选最后获得图 3-21 所示四个有价值的机构组合方案：方案 D 采用摩擦

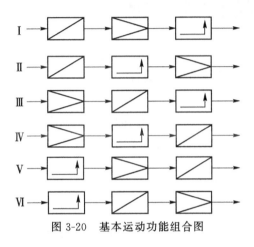

图 3-20　基本运动功能组合图

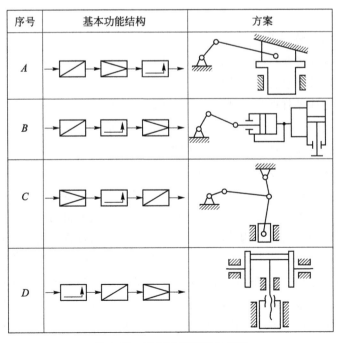

图 3-21　锻压机机构组合方案

轮实现运动方向变换，用螺旋机构实现运动大小变换。因此，冲头压力大，安全可靠。但由于摩擦传动运动精度差，该方案只适用于一般的锻压设备而不适于精锻机。方案 C 是一个六杆组成的肘杆机构。冲头具有较大压力，且冲头具有瞬时停歇。与曲柄滑块机构相似，该冲压机构的综合刚度较差，也不适合用于精锻机，但由于冲头可在冲压位置保持短时间停歇，故此机构适用于压印机，可使压印纹更加清晰。方案 B 采用液压增压，冲头可获得较大压力。但生产效率较低，更适用于一般大型锻压机械设备中。方案 A 采用曲柄滑块机构作运动形式的变换机构，采用刚度很高的斜面机构作为运动方向和大小变换机构。由于斜面机构刚度好，具有较好的增力功能，这种机构组合形式能完全满足精锻机各方面的技术要求，成为 20 世纪 80 年代发展起来的热模精锻压力机的主要锻压机构形式。

3.2 机构创新的变性原理

以已知机构为基础，通过对构成机构的结构元素进行变化或改造，使机构产生出新的运动特性和使用功能的设计称为机构的变异设计。机构变异设计是变性创造原理在机构创新设计中的具体应用。

机构由构件和运动副组成，构件与运动副的结构组成决定了机构的性质和用途。机构的变异设计就是要通过对构件和运动副的改造来创造具有新特点和新功能的"新"机构。

3.2.1 通过构件变异创新机构

完满创造原理认为：事物的属性是多方面的，凡是理论上未被充分利用的，都可以作为创新的目标。因此，充分利用或改变构件的属性来创新机构的措施可以归纳为以下几点：构件运动的充分利用；改变机架的位置；改变原动件的位置和性质；改变构件的杆长；改变构件的形状。

(1) 构件运动的充分利用

机构的一个重要功能是将输入运动转换为需要的输出运动。机构的类型繁多，构件的运动丰富多彩。但无论什么机构，机构中构件的类型只有三种，即机架、连架杆和连杆。机构的运动输出构件不是连架杆就是连杆。相比之下，人们更善于利用连架杆，用连架杆作为机构的运动输出构件的情况较为普遍。很多机构中连杆的运动尚未被很好利用，因此，连杆运动的充分利用是机构创新设计一个值得关注的问题。

K-H-V 少齿差行星传动具有结构紧凑、体积小、传动比大的优点。如何将行星轮（连杆）的运动输出，如何设计性能优良、结构简单而紧凑的等速输出机构，是 K-H-V 少齿差行星传动创新的关键技术之一。长期以来，人们以平行四边形机构、十字滑块联轴器等机构为基础，结合改善受力、简化结构等设计内容进行思考，通过改变构件形状、改变运动副尺寸、改变机架位置等变异设计方法，创造出各种各样的等速输出机构。人们通过对行星传动机理的分析，将少齿差行星传动的结构做了进一步的简化，巧妙地将等速输出机构省略，又创造出了诸如谐波齿轮减速器、活齿减速器、三环减速器等一大批新型减速器。这些减速器由于省去了等速输出机构，不仅结构更紧凑、体积更小、质量更轻，而且传动效率更高、承载能力更强、工艺性能更好，不仅在国民经济的各个领域创造出巨大的经济效益，而且为进一步创造出新的传动类型、设计新的传动机构奠定了坚实的理论基础。行星齿轮传动常用于要求机构体积小、质量轻、传动比大的减速场合，或利用行星轮上点的运动来实现特殊的轨迹运动。然而，将行星齿轮传动机构用于刚性导引的却不多。

如图 3-22(a) 所示的行星轮系中，太阳轮齿数与行星轮齿数相等，因为太阳轮固定不动，因此，无论系杆怎样运动，行星轮相对于机架不转动。利用行星轮的这一运动特点，在行星轮上安装一水平托架，可将工件从低工位托起，并维持工件的位置不变将其送至高工位；如果在行星轮上安装一竖直方向的挖刀，也可以用来挖刨田地中的马铃薯或红薯一类的块根植物果实等。将惰轮去掉，用两个齿数相同的链轮来替代太阳轮和行星轮，可以保证机构使用功能不变，从而将其结构进一步简化。

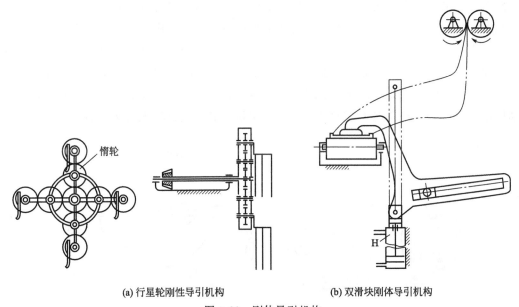

(a) 行星轮刚性导引机构　　　　　(b) 双滑块刚体导引机构

图 3-22　刚体导引机构

当采用机构来实现刚体导引时，设计人员一般会采用铰链四杆机构，很少有人会用双滑块机构，因为用它作为刚体导引机构似乎并没有什么突出的优点。然而，某有压缩空气供气源的工厂，需要在两条生产运输线中间设计一台用电磁夹持器夹持工件的机械手来转运工件，机械手能将从水平输送带上送来的板形工件吸住，翻转 90°后，迅速向上运动将工件插入下一输送带的两辊轮夹缝中。这要求机械手的结构应尽可能简单、紧凑，运动要求灵活、迅速、定位准确，机械手的位置不能置于水平输送带上方。设计者根据上述设计要求，采用了图 3-22(b) 所示的双滑块机构，用压缩空气推动活塞作为动力使机构运动迅速，定位准确，并且用气缸的活塞作为双滑移副中的一个滑移副，大大简化了结构，使其结构非常紧凑、小巧。经合理的设计，机构完全达到设计的各种要求，这个设计不能不说是一个很好的创新设计例子。

带传动作为一种传动机构，通常用于将主动轮的转动传给从动轮，运动输出构件一般为从动轮。如图 3-23 所示为线圈绕制机中的导线机构，该设计巧妙地利用带的运动来驱动导线架，使导线架能牵引被绕电线作往复运动，将线整齐有序地排绕在旋转的线管上。机构由

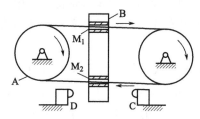

图 3-23   线圈绕制机的灵敏排线机构

两个半径相同的带轮、连接带轮的钢带、带有两电磁铁 M_1 和 M_2 的导线架 B 和两只微动开关 C、D 组成。当主动轮 A 顺时针转动时，电磁铁 M_1 通电励磁，电磁铁 M_2 去磁，导线架 B 随带向右移动。当导线架碰到微动开关 C 时，电磁铁 M_1 去磁，而 M_2 通电励磁，导线架 B 随带又向左移动，直到碰到微动开关 D 又再次向右移动。该机构反向动作极灵敏，由于带速可以调节，可以满足任意的排线速度要求。改变微动开关 C、D 的距离，可以方便地改变线圈的排线宽度。

习惯上，链传动主要用于实现主、从动链轮之间的转动传递，链轮通常是运动的输出构件。然而，如果以链作为运动的输出构件，则可以创造出很多有新意的机构。

我国古时候的农用水车利用在链上安装刮水板来抽水，现代工业生产的流水线常用链来输送工件或物料。用链来连接中心距为零的两个链轮形成链式联轴器，如图 3-24(a) 所示。这种联轴器不仅连接可靠，而且还有一定的缓冲功能。图 3-24(b) 中用链来驱动摆杆（或滑块）运动，摆杆（或滑块）能够实现各种复杂的运动规律。图 3-24(c) 在链上安装销子来驱动槽轮，可以使槽轮实现 180° 的分度运动，这是一般槽轮机构无法实现的。

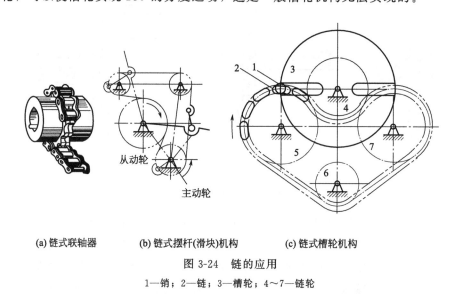

(a) 链式联轴器   (b) 链式摆杆(滑块)机构   (c) 链式槽轮机构

图 3-24   链的应用

1—销；2—链；3—槽轮；4~7—链轮

(2) 利用机架位置的变换来创新机构

改变机构中机架的位置，可以由一种机构变异出多种不同类型的机构。例如，在有一个曲柄的铰链四杆机构中，取不同的构件作为机架，可以分别得到曲柄摇杆、双曲柄和双摇杆机构。又如，定轴圆柱齿轮机构倒置就得到行星齿轮传动机构，如图 3-25(a) 所示。摆动从动杆凸轮机构倒置后机架成为曲柄，机构的运动规律与从动连架杆是变杆长的曲柄四杆机构相同，如图 3-25(b) 所示。如果凸轮廓线由曲线与直线组成，该倒置机构的运动时而等效于一个双曲柄机构，时而又等效于一个偏置式曲柄滑块机构，连杆的运动变得十分复杂。

各种履带运输车辆的行走机构可以看成是将链传动机构倒置而设计制成的。将链传动中

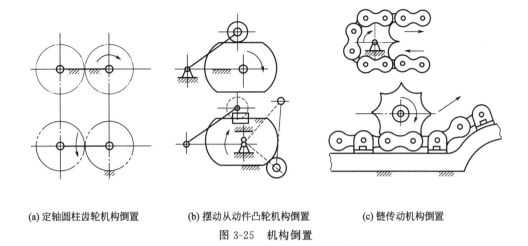

(a) 定轴圆柱齿轮机构倒置　　　(b) 摆动从动件凸轮机构倒置　　　(c) 链传动机构倒置

图 3-25 机构倒置

的链固定成为机架，可代替造价昂贵的齿轮齿条机构，如图 3-25(c) 所示。由于链可以随意弯曲，将其固定在曲面上作为机架，还能使链轮沿曲面运动，这是齿轮齿条机构难以实现的。

在设计仿腿步行机构时，要求身体在腿的运动中应保持平稳，足部相对于身体的轨迹应尽可能满足如图 3-26 所示的形状。为了便于使用和安装，要求仿腿机构的形状尽可能与人腿形状相似。开始设计时，人们首先采用铰链四杆机构。后来发现：铰链四杆机构虽能够实现图 3-26 所示的轨迹运动，但机构的形状与人腿的形状差异太大，于是人们开始从六杆机构中去寻找合适的机构。六杆机构的运动链有瓦特型和斯蒂芬逊型两种，如图 3-27 所示，将这两种运动链取不同构件为机架可以得到八种机构形式供选择。经过比较和初步尺度综合，最终确定以图 3-27(a) 中的瓦特链形成的方案 b 作为仿腿步行机构为最好。

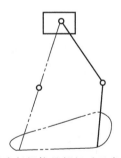

图 3-26 仿腿步行机构足部相对于身体的轨迹曲线

运用逆反原理，变换机架位置，将不动构件与运动构件位置有意识地进行互换，常能产生出一些很有新意的创造性构思。牛头刨采用工件不动而刀具运动对工件进行加工，对于小型工件，由于切削运动机构体积不大，这种方案是可行的。对于又长又大的工件，这种机构设计方案就显得十分笨重和不经济了。这时采用齿轮齿条机构让工件运动，而使刀具不动成为一种合理的选择，于是人们设计出了加工大型工件的龙门刨床。类似变换机架位置而引发的设计还可以在车床与镗床、钻床与磨床等机床的设计中普遍地看到。

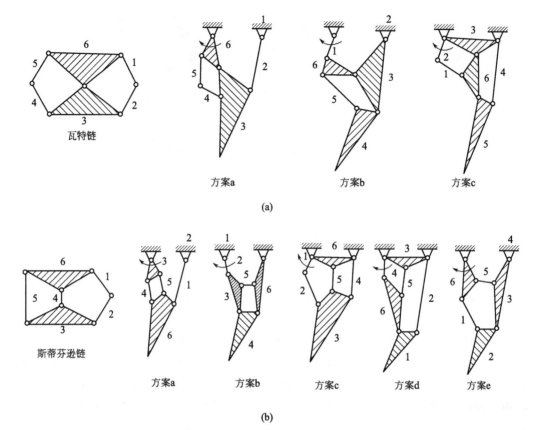

图 3-27   六杆仿腿步行机构

在一些大型机械中常用凸轮机构的倒置机构来实现一些复杂的运动功能。图 3-28 所示自动卸料小车是倒置凸轮机构的一个成功应用实例。图中小车 1 相当于凸轮机构的从动杆，小车上的车轮 2 即从动件上的滚子，轨迹即凸轮廓线，小车上的前后轮分别在两条不同形状的轨道上运动，当装满物料的小车被牵引向上运动时，前轮沿轨道 3 运动，后轮沿轨道 4 运动，由于轨道 3 逐渐向下弯曲，而轨道 4 却逐渐向上抬起，因此，小车车厢后部逐渐升高而卸料口却逐渐向下，当小车被牵引到某一位置时物料就自动被卸掉。

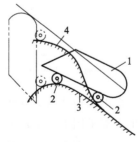

图 3-28   自动卸料小车

1—小车；2—车轮；3—轨道 A；4—轨道 B

如图 3-29 所示的包装盒，如果包装盒不动，要设计一台能将盒端翻盖 3、4、5 翻向盒体，并自动将盒封好的机构不是一件容易的事。但如果让包装盒运动起来，则只需将封装机构设计成像如 3-29 所示的两对固定在机器上的靠模板就行了。当包装盒运动时，第一对模板将纸盒上翻盖 3 折向盒体，第二对模板依次将纸盒上翻盖 4、5 折向盒体。在翻盖 5 经过滚轮 6 时为其涂上胶水，则整个纸盒就包装好了。

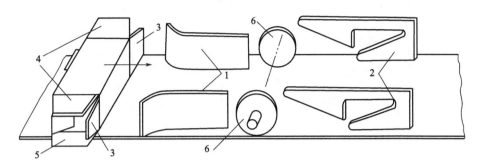

图 3-29　包装盒自动封盖机构

1，2—固定模板；3～5—包装盒翻盖；6—滚轮

让工件相对于机架运动，通过对机架形状的巧妙设计来实现一些复杂的工艺动作，这在自动流水生产线上广泛地被采用。例如图 3-30 所示的自动包装机，当机器工作时，包装薄膜从卷筒 1 上被连续拉出，薄膜在移动过程中，固定的漏斗形靠模板将平整的薄膜挤压对折成筒状，在通过热压辊 3 后，对折的两薄膜边被压合形成薄膜筒。薄膜筒继续向下运动，间歇运动的热压辊 4 定时对薄膜筒横压一次形成包装袋底，与此同时，一定量的被包装物经漏斗 2 送入包装袋中。装有物料的薄膜筒继续下移，热压辊 4 在压制另一个包装袋底的同时，将装有包装物的袋口封好，包装完成的产品在后续运动中由剪切机构 5 将其剪下，从而完成了从制袋、填料到封口的自动化生产流程。

(3) 利用原动件的变化创新机构

同一机构选取不同的构件为原动件，可以获得不同的使用功能。曲柄滑块机构以曲柄为主动可用于各种泵，以滑块为主动可用于内燃机和蒸汽机。移动导杆机构以曲柄为主动可用作抽水唧筒，如图 3-31（a）所示。以移动导杆为主动可制成机械中的抓斗，如图 3-31（b）所示。

图 3-32（a）所示为一摩擦式棘轮机构。该机构当以外环 1 为主动件沿逆时针方向转动时，由于中间构件（钢球 2）楔紧，使星轮 3 与外环 1 构成一个整体，三个构件一起沿逆时针方向转动；反之，当以星轮 3 为主动件沿逆时针方向转动时，由于钢球不能将星轮与外环构件楔紧，外环和星轮将保持各自独立的运动状态。当外环和星轮均为主动以不同转速沿逆时针转动，且外环速度大于星轮转速时，星轮也将被钢球楔紧随外环一起转动，否则星轮与外环将各自保持独立的运动状态运动。

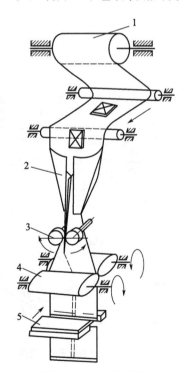

图 3-30　自动包装机

1—薄膜卷；2—漏斗状靠模；3—热压辊；

4—间歇运动封底热压辊；5—剪切机构

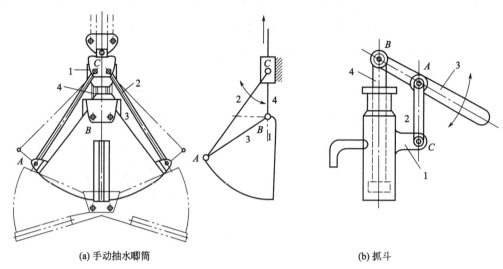

(a) 手动抽水唧筒 (b) 抓斗

图 3-31　移动导杆机构的用途

1—机架；2—连架杆；3—连杆；4—移动导杆

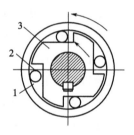

(a) 摩擦式棘轮机构

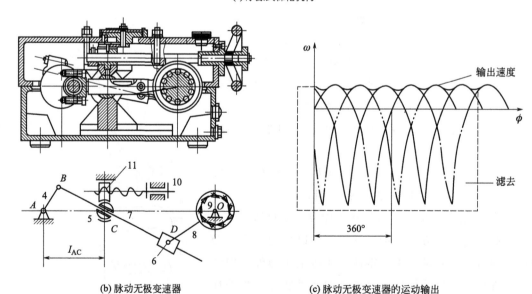

(b) 脉动无极变速器 (c) 脉动无极变速器的运动输出

图 3-32　摩擦式棘轮机构及其应用

1—外环；2—钢球；3—星轮；4—偏心圆曲柄；5—转滑运动副；6~8—超越
离合器外环；9—星轮轴；10—构件 8 位置调节手柄；11—滑块

因此，这种机构又被称为超越离合器。由于超越离合器的运动状态不仅与机构中的原动件有关，还与原动件的转向和转速有关，因此，在很多机械中得到广泛应用，如自行车、摩托车和机械式脉动无极变速器等。

图 3-32（b）所示为三相脉动无极变速器的结构和机构运动简图。它由杆机构和超越离合器组合而成。图中的超越离合器由三个独立的外环 8 和一个共用的星轮轴 9 构成（图中只画出其中一个外环和一套杆机构）。三个外环分别用 II 级基本杆组与三个四杆机构的三个连杆相连。三个曲柄相互错位 120°，由一台电动机驱动。当电动机转动时，连杆作往复变速摆动，驱动三个外环在星轮轴上作相应的变速摆动。在运动的某一时刻，三个外环中有的沿顺时针方向运动，有的沿逆时针方向运动，沿顺时针方向转动且速度较高的外环将驱动星轮轴转动，当它的速度降低时，另外一个速度较高的外环将接替它的工作，推动星轮继续沿顺时方向转动。在三个外环交替作用下，超越离合器利用摩擦将其中速度较高的摆动从三个外环中"滤出"，合成为速度较低略有波动的转动从星轮轴输出，实现了减速器的减速功能，如图 3-32（c）所示。

当减速器工作时，通过手柄 10 使滑块 11 移动，调小 AC 之间的杆长尺寸，连杆的摆动幅度将变大，星轮轴的转速将升高，调大上述杆长尺寸，星轮轴的转速降低。当杆长调到足够大时，星轮轴转速将趋近于零。由于这种减速器能在机器运转时做无级调速，并且可将输出转速调至接近于零，因此，该减速器在轻工、化工、纺织等生产中得到广泛的应用。

图 3-33（a）所示为几何封闭等三曲边凸轮机构。等三曲边凸轮是以等边三角形 A、B、

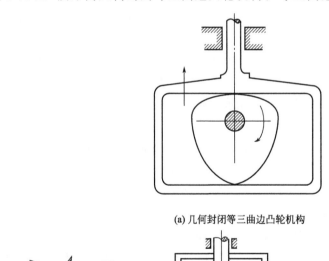

(a) 几何封闭等三曲边凸轮机构

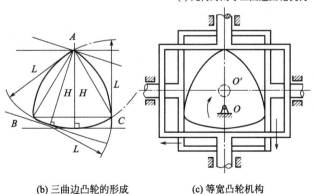

(b) 三曲边凸轮的形成　　　(c) 等宽凸轮机构

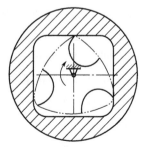

(d) 加工方孔的刀具

图 3-33　加工方孔的刀具设计

C 三个顶点为圆心，以三角形边长为半径画出的三段圆弧构成，如图 3-33(b) 所示。由于弧边任意一点的切线与弧对应顶点之距离相等，因此，这种凸轮机构又称为等宽凸轮机构。如果用两个相互作垂直移动的从动杆将凸轮封闭，当凸轮转动时，两矩形框式的从动杆将分别作上、下和左、右的往复移动，这时凸轮将与两从动杆围成的正方形始终保持四点接触，如图 3-33(c) 所示。

改变凸轮的回转中心位置，使凸轮的转动中心 O 正好处于两从动杆围成的正方形的几何中心 O' 点上，凸轮转动时，凸轮仍与正方形四边接触，但两从动杆不再运动。根据这一运动特点，将凸轮制成如图 3-33(c) 所示的三角刀具，刀具旋转时可加工出四角带小圆弧的方孔，如图 3-33(d) 所示。

差动轮系的自由度为 2，需要两个原动件才能使机构获得一个确定的合成运动。巧妙地利用差动轮系的这种特性，也能有所创造发明。

在图 3-34 所示的差动轮系中，各轮齿数分别为 $z_1 = 23$，$z_2 = 95$，$z_3 = 75$，$z_4 = 15$，$z_5 = 18$。当电动机 M_2 不动，电动机 M_1 以 735r/min 转动时，可获得 $n_H = 143.3$r/min 的转动输出，输出轴的转向与电动机 M_1 的转向相同；当电动机 M_1 不动，电动机 M_2 以 735r/min 转动时，可获得 $n_H = 5.1$r/min 的转速，这时输出轴转向与电动机 M_2 的转向相反。如果两电动机按相同转速和方向转动，可获得 $n_H = 0.823$r/min 的转动输出，其转向与两电动机转向相同。如果两电动机按相同转速、相反方向转动，可获得 $n_H = 287.4$r/min 的转动输出，其输出轴的转向与电动机

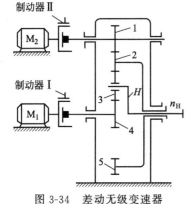

图 3-34 差动无级变速器

M_1 的转向相同。如果将其中一个电动机换成可调速电动机，则 n_H 的转速大小、方向可随调整电动机转速和方向的改变而变化，从而制成一种效率很高的无级变速装置。

(4) 利用构件尺寸的变化来创新机构

在前面提到的机械式脉动无极变速器的例子中，设计者通过改变机构中滑块的位置，即通过改变机构中某些构件的杆长，实现了改变运动输出大小的目的。格拉霍夫定理明确指出了机构中杆长对机构类型的影响：铰链四杆机构随着杆长的变化可以变异出曲柄摇杆、双曲柄和双摇杆三种不同类型的机构；对于曲柄摇杆机构而言，当摇杆杆长趋于无穷时，摇杆上转动副逐渐演变为滑移副，曲柄摇杆机构将演化为曲柄滑块机构；连杆机构通过改变杆长可使两连架杆近似实现预期的函数传递；可满足轨迹运动要求；可导引刚体按要求的位置运动；可使机构产生急回特性；可改变机构的传动角或压力角；改变构件的尺寸可改变机构运动输出构件的位移、速度和加速度。

合理的构件尺寸及配置关系可以提高机构的机械效益，达到省力工作的目的。如图 3-35(a) 所示的三种二次增力杠杆，图 3-35(b) 所示的几种钢丝剪，都是构件尺寸的合理设计与组合的例子。

如图 3-36(a) 所示的鱼尾钳，钳上铰链由一个扁圆柱销和一个哑铃形的双销孔构成。扁圆柱销固定在一只钳柄上，销的轴截面长方向与钳柄方向平行，呈 "8" 字形的双销孔开在另一个钳柄上，孔的长方向与钳柄的方向呈 90°角。双销孔的最窄处与销截面的宽度相等。

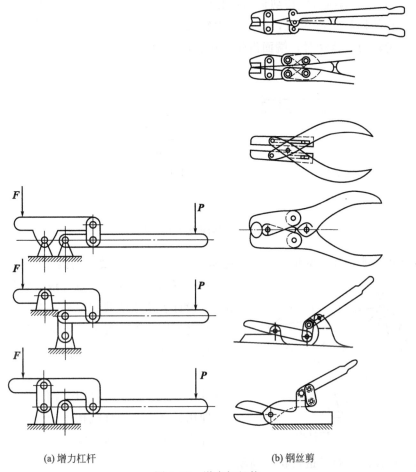

(a) 增力杠杆　　　　　　　　(b) 钢丝剪

图 3-35　增力杆机构

使用时，如果被钳物较大，将两钳柄转动 90°，使销能在双销孔间通过，选择销与双销孔中外侧的一个孔形成铰链，利用铰链位置尺寸的变化，使钳口的最大张开度放大，以满足被钳物尺寸的需要。如图 3-36(b) 所示的链条式大力钳，大力钳的一个钳口端上固接有一根滚子链，另一个钳口端制作了一个能将滚子链卡住的卡口。使用时，用链条将被钳物围住并将链条一端卡在钳口的卡口上，紧握钳柄时，链条将被钳物夹紧。用链条式大力钳来转动大直径的管子或盖子十分方便。在这个创意设计中，链条实际相当于一个尺寸能在较大范围内可调的钳口。

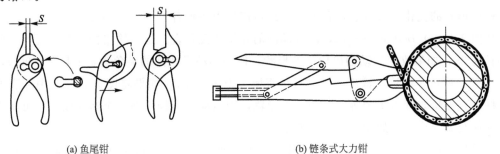

(a) 鱼尾钳　　　　　　　　　　(b) 链条式大力钳

图 3-36　钳的创意

图 3-37 所示为一端面齿轮传动机构，它能实现两垂直相交轴的定传动比传动。如果改变从动端面齿轮的回转中心位置，则从动齿轮将变成一个偏心圆端面齿轮，如图 3-37（b）所示。当主动齿轮匀速转动时，端面齿轮将作变速转动。

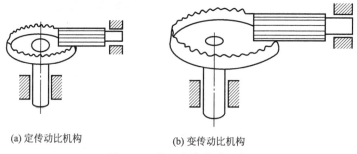

(a) 定传动比机构　　　　　(b) 变传动比机构

图 3-37　端面齿轮传动机构

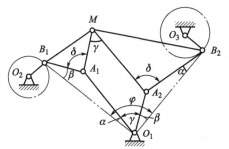

图 3-38　希里威斯特机构

设计者有时会遇到这样的情况：一个能满足连杆轨迹曲线要求的四杆机构，机构与曲线的相对位置却不太令人满意，或者机构的传动角太小等。设计者希望能找到另外一个结构尺寸和安放位置与之不同，但连杆上一点又能描绘出相同轨迹的四杆机构来替代原四杆机构。图 3-38 所示为希里威斯特图形缩放尺机构。在满足连杆轨迹曲线相同的条件下，用一个四杆机构替代了另一个四杆机构，即用另外一个四杆机构中的三个转动副替代了原四杆机构中的三个转动副。

（5）利用构件形状变异进行机构创新

从降低机构的制造成本考虑，机构构件的形状应力求适用，尽可能地简单。然而，设计者往往可以通过对机构构件形状的创新，使原来的机构产生一些新的特性，获得一些新的使用功能，创造出一些新的机构。

剪和钳是生活和工件中最常使用的工具，它们通常由两构件和一个转动副构成，利用两构件的相对运动实现剪切和夹紧的功能。改变构件的形状，人们设计出便于理发操作的推剪，如图 3-39（a）所示。又设计出梳剪头发的梳发剪，如图 3-39（b）所示。为了方便布料平铺在桌面上剪裁两手柄不对称的布料剪，如图 3-39（c）所示。为了剪切树枝刀刃呈月牙形的枝剪，如图 3-39（d）所示。还有为了止血手柄上带有棘齿的止血钳，如图 3-39（e）所示。通过构件形状的变化，设计者使普通的剪或钳产生出各种各样的使用功能。

如图 3-40（a）所示正弦机构，两移动副的导轨相互垂直，运动输出构件的行程等于两倍曲柄长为 $2r$。如果改变运动输出构件的形状，使两移动导轨间的夹角为 α（不等于 90°），如图 3-40（b）所示，则运动输出构件的行程将增大为 $2r/\sin\alpha$。如果将图 3-40（a）中竖直方向的导杆由直导轨改变为半径等于 r 的圆弧导轨，则运动输出构件在一个运动循环中可实现有停歇的往复直线运动，如图 3-40（c）所示。

如果将链传动中的一个链节的形状扭转 90°，则可以用这种链条来连接两垂直而不相交轴上的链轮，实现主、从动轮作摆动的运动传递，如图 3-41 所示。

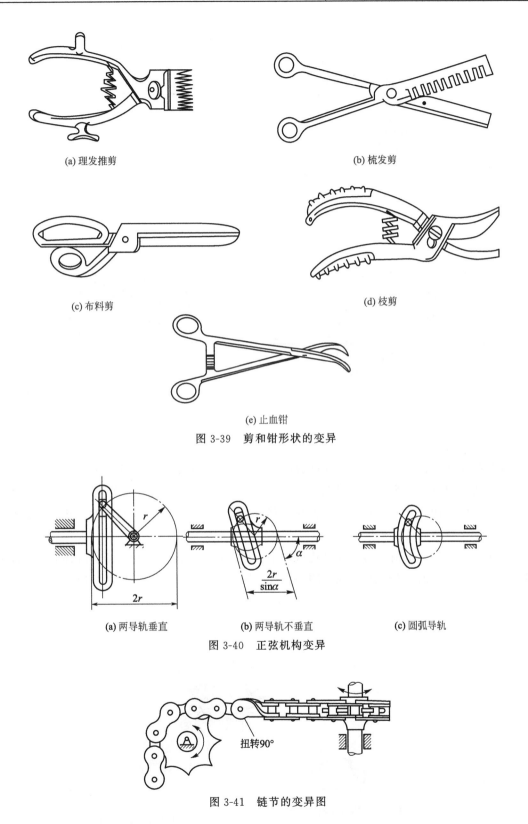

(a) 理发推剪

(b) 梳发剪

(c) 布料剪

(d) 枝剪

(e) 止血钳

图 3-39　剪和钳形状的变异

(a) 两导轨垂直

(b) 两导轨不垂直

(c) 圆弧导轨

图 3-40　正弦机构变异

扭转90°

图 3-41　链节的变异图

图 3-42(a) 所示弧面蜗杆是由图 3-42(b) 所示的圆柱蜗杆变形而创造出来的。由于弧

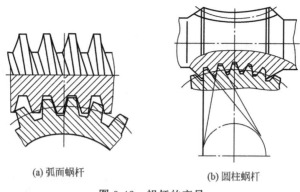

(a) 弧面蜗杆   (b) 圆柱蜗杆

图 3-42 蜗杆的变异

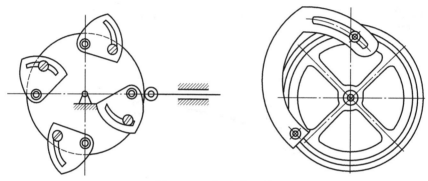

图 3-43 可调廓线凸轮

面蜗杆与蜗轮相互包容,因此,同时啮合的齿数增多,使承载能力大大提高。

在一般情况下,一个凸轮制造好后,只能使从动杆实现已设计好的运动规律。图 3-43 的凸轮则在回转构件上通过安装可更换和可移位的凸轮块来改变凸轮廓线的形状,达到改变从动杆运动规律或运动行程的目的。

小车的车轮一般是圆形的,如果让这种小车在阶梯上行驶,车身会随着阶梯的起伏而剧烈地颠簸。于是有人将车轮设计成如图 3-44(a) 所示具有三个小轮的形状,但行驶起来仍不

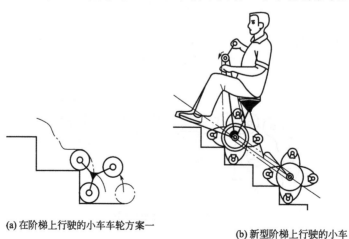

(a) 在阶梯上行驶的小车车轮方案一   (b) 新型阶梯上行驶的小车

图 3-44 阶梯上行驶的小车及车轮

平稳，而且每上一级阶梯会产生一次冲击。上海某大学教师用共轭曲面原理将车轮改成图 3-44(b) 所示形状，小车在上阶梯时车身运动轨迹基本保持呈一倾斜直线，运行平稳、噪声小、省力且推力恒定，这项发明可广泛应用于自行车、童车、残疾人车或货运车中。

伴随着机构的运动，机构中各构件总是周而复始地相对机架作周期循环运动。将机架做成特殊的腔管形状，巧妙地将运动构件设计成能将腔室分隔的结构，于是得到各式各样的泵机构。

图 3-45(a) 所示是利用齿轮机构设计的齿轮泵。图 3-45(b) 是用凸轮机构设计的凸轮泵。图 3-45(c) 是用螺旋机构设计的螺旋泵。图 3-45(d) 是用连杆机构设计的旋转泵、叶片泵和活塞泵。图 3-45(e) 是用空间连杆机构设计的柱塞泵。

目前普遍使用的内燃机的活塞式圆柱形的，利用活塞与气缸间的燃气爆炸力使活塞作往复直线驱动曲柄转动。由于活塞作往复直线运动，内燃机振动厉害，从而限制了内燃机输出

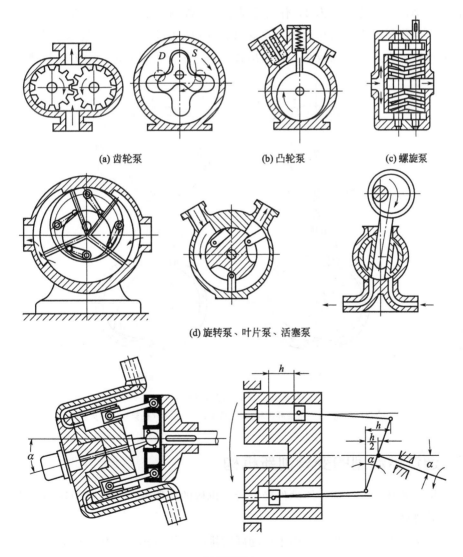

(a) 齿轮泵　　　　　　　　(b) 凸轮泵　　　　　　　　(c) 螺旋泵

(d) 旋转泵、叶片泵、活塞泵

(e) 柱塞泵

图 3-45　泵机构

转速的提高。此外，由于活塞完成吸气、压缩、爆炸、排气四个冲程，曲柄转动两周才有一次动力输出，因此，活塞式内燃机工作效率较低。为此，人们一直在寻找能替代曲柄滑块机构的新型内燃机机构。德国工程师汪克尔首先想到了用旋转的三角形活塞来取代作往复直线运动的圆柱形活塞，采用行星齿轮机构来取代曲柄滑块机构，终于设计出了旋转活塞式内燃机。

图 3-46 所示为旋转活塞式内燃机的结构示意图。图中齿轮 2 为输出运动的定轴齿轮，与齿轮 2 啮合的为一内啮合式行星轮 1。为了形成气缸，将机架 4 做成一个类似椭圆形的腔室形状，内啮合式行星轮的外轮廓做成由三段圆弧构成的圆弧三角形，三角形活塞的三个顶角正好与椭圆壁缸接触，形成燃气的燃烧室，并且使燃气在未被点燃前燃烧室的容积最小。当燃气点燃后，燃气受热膨胀推动三角形活塞转动，三角形活塞在旋转一周的运动中，依次完成排气、进气、吸气并再次将吸入的燃气压缩转回到待点火位置，完成一个工作循环。由于行星轮与定轴齿轮的传动比为 3，作为运动输出构件的定轴齿轮在三角形活塞旋转一周中将转动三圈。与往复式内燃机相比较，在输出相同功率的条件下，旋转式内燃机结构简单、体积小，质量轻、噪声和振动较小，且输出转速高，是一种很有市场潜力的新型发动机。

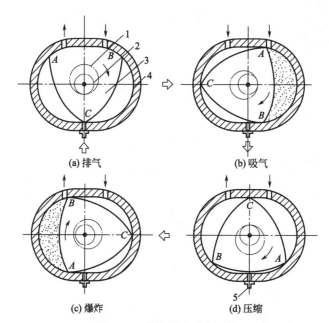

(a) 排气　　　　　　　　　(b) 吸气

(c) 爆炸　　　　　　　　　(d) 压缩

图 3-46　旋转活塞式内燃机

1—行星内齿轮；2—定轴外齿轮；3—转子；4—缸体（机架）；5—火花塞

3.2.2　通过运动副的变异创新机构

当运动链的各杆长、机架、原动件确定后，机构的性质就由运动链中运动副的数量、运动副类型及其排列顺序确定了。

机构倒置实质上是通过改变机构中运动副的排序，使机构中各构件相对于机架的运动形式发生变化，达到改变机构运动特性的目的。

不同类型的运动副，其运动副元素的形状不同，约束性质不同，被连两构件的相对运动形式也不相同。机构中运动副的数量不一样，机构的类型不一样，机构的运动特点也不一样。因此，通过运动副变异来创新机构的措施可以归纳为以下三方面内容：改变运动副元素的形状；改变运动副的约束；利用运动副之间的等价变换，改变机构中运动副的数量和性质。

（1）改变运动副元素的形状进行机构创新

运动副的形状各式各样，分类方法也不少。按运动副元素接触形式分，运动副可分为面接触的低副和点、线接触的高副。

① 低副　构成转动副的两元素可以同倍率地放大或缩小，只要圆心位置不变，被连两构件的相对运动关系不变；构成移动副的两元素也可以放大或缩小，只要变形后导杆的方向与原导杆的方向不变，被连两构件的相对运动关系不变。例如图 3-47(b) 所示偏心圆盘曲柄滑块机构和图 3-47(c) 所示大滑块曲柄滑块机构都是通过扩大转动副和移动副的方法由图 3-47(a) 所示的曲柄滑块机构变异得来的。当构件尺寸很小，运动副要承受较大冲击载荷时，扩大运动副的尺寸是一种合理的选择。但是，由于低副的两运动副元素间的相对运动是滑动，摩擦阻力较大，运动副元素尺寸变大无疑会增大运动副中的摩擦力矩。因此，减小低副中的摩擦是低副机构创新设计的一个重要内容。采用标准轴承，或在两运动一元素间添加滚珠、滚柱或滚针是减少低副摩擦的一种常用方法。由于两运动副元素间需填入刚性滚动体，因此运动副元素的形状将作出相应的变化。图 3-48(a) 所示是轴端填入滚珠的轴向轴承。图 3-48(b)、(d) 是在两移动副元素间加入滚珠、滚柱或滚针制成的不循环滚动体移动轴承。图 3-48(c) 为循环滚珠螺旋副。

在两运动副元素间加入刚性滚动体的低副抗冲击载荷的能力不高，其运动精度和寿命受材料影响很大，并且仍然存在着较大的机械摩擦阻力。采用新的工作原理，人们又发明了用

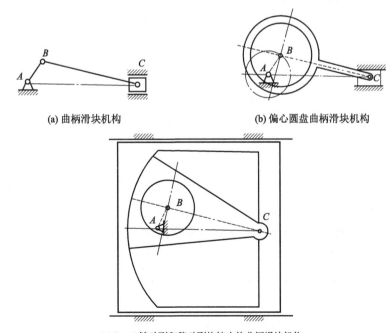

(a) 曲柄滑块机构　　　　　　　　(b) 偏心圆盘曲柄滑块机构

(c) B、C 转动副和移动副均扩大的曲柄滑块机构

图 3-47　运动副的扩大

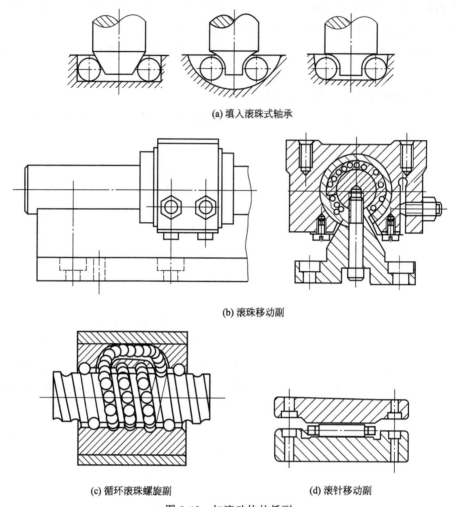

(a) 填入滚珠式轴承

(b) 滚珠移动副

(c) 循环滚珠螺旋副　　　　　　(d) 滚针移动副

图 3-48　加滚动体的低副

油、水、气作中间介质的动压和静压轴承以及采用电磁原理制成的磁悬浮轴承。

　　动压轴承是利用运动副两元素间特殊设计的间隙形式，借高速相对运动使运动副元素间的中间介质在两元素的小间隙处形成高压介质楔，将两运动副元素分开形成轴承。如图 3-49(a) 所示的三油楔和四油楔轴承。图 3-49(b) 所示多摆动瓦推力轴承是动压轴承中的应用实例之一。图 3-49(c) 是气体润滑动压轴承，为了保证承载能力和工作稳定性，转子或轴承上刻有螺旋槽。图 3-49(c) 中左图为推力轴承、右图为向心轴承的刻槽示意图。

　　静压轴承是利用高压泵将高压介质（油、水或气）经节流器送入两运动副元素间，靠介质的压力平衡外载将两运动副元素分开形成轴承。图 3-50 为转向静压轴承的结构形式示意图。为了使上、下两油腔的压力差与外载 P 相平衡，静压轴承一般均需接入节流器。节流器的类型很多，图中为薄膜节流器及工作原理。由于静压轴承的形成与运动副元素的相对运动速度无关，故也能适用于移动副。

　　磁悬浮轴承是利用电磁场力将轴无机械摩擦、无润滑地悬浮在空中，利用位移传感器检测运动副元素间的间隙，由调节器根据各个方向上的间隙偏差产生相位调节信号，再经功率

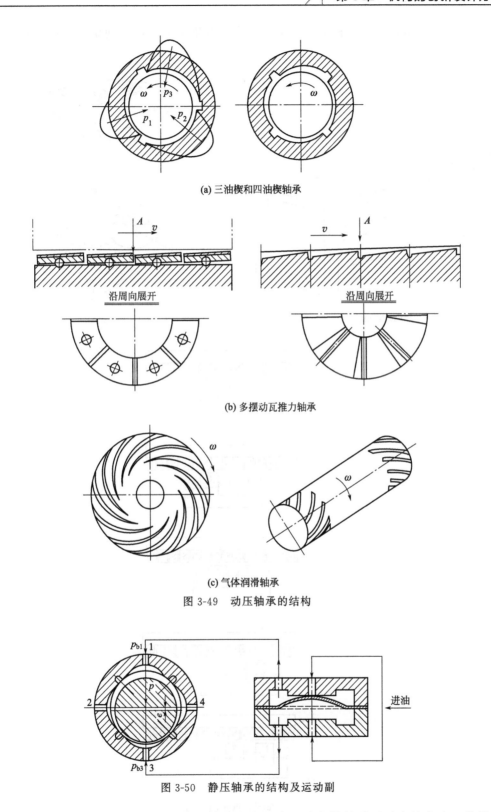

(a) 三油楔和四油楔轴承

沿周向展开　　　　　　　沿周向展开

(b) 多摆动瓦推力轴承

(c) 气体润滑轴承

图 3-49　动压轴承的结构

图 3-50　静压轴承的结构及运动副

放大器将调节信号转换为流向各个电磁体的电流，从而改变轴的磁悬浮力的大小，使转子始终能悬浮在理想的空间位置下工作。

图 3-51 所示为高速绘图机的示意图，其中绘图笔上的平面移动副是利用电磁工作原

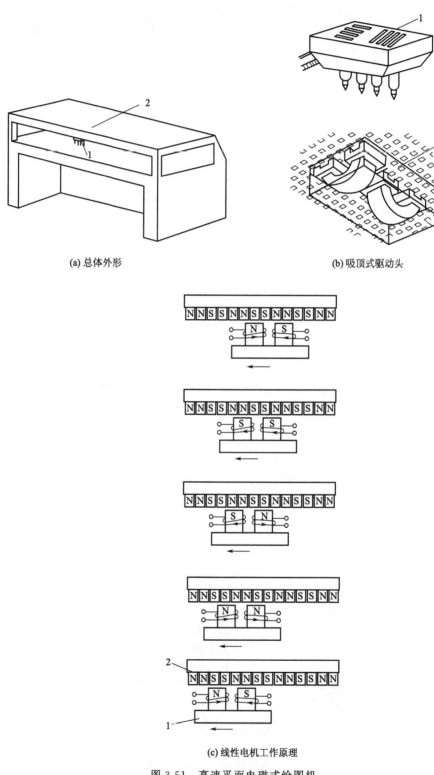

(a) 总体外形   (b) 吸顶式驱动头

(c) 线性电机工作原理

图 3-51   高速平面电磁式绘图机

1—驱动头；2—带磁极的工作台

理设计制成的。图中绘图笔固接在有四只电磁体的驱动头上,电磁体通电后,其中两个电磁头会与台面下磁性相反的磁极相吸引,使绘图笔悬挂在台面下方。当切换电流时,电磁体的极性发生变化使驱动头产生位移,频繁地变换对电磁体供电,绘图笔便能在台面下作平面移动,为了减小绘图笔移动时的阻力,利用气浮导轨的原理在电磁体与平面的贴合面间吹入压缩空气形成气垫,绘图笔便能在几乎没有摩擦阻力的条件下高速运动。

由于低副两元素上对应重合点的运动轨迹是重合的,因此,低副两元素的中空体与插入中空体的实心体位置可以互换,而不影响被连两构件的相对运动关系。利用低副这个特点,设计者可以更加灵活地开展机构及其结构创新设计。例如图 3-52(a) 所示球面副,可动构件是实心体,而不动构件是中空体,将实心体与中空体位置互换得图 3-52(b) 所示结构,两运动副虽然结构不同,但运动特性并未改变。低副的这一运动特性称为低副运动的可逆性。利用低副运动的可逆性,低副机构在构件、运动副数量和运动特性不变的条件下,可以获得多种不同的结构形式,从而为机构合理的结构设计提供依据。

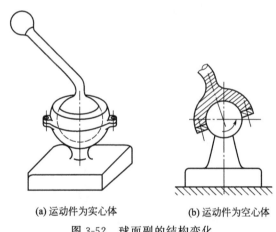

(a) 运动件为实心体　　　(b) 运动件为空心体

图 3-52　球面副的结构变化

② 高副　高副是点、线接触的运动副,两运动副元素间的约束比低副少,两元素的形状可根据设计要求灵活变化,使被连接两构件能实现各种复杂的相对运动。充分利用高副机构的这一特点,是机构创新的重要途径。

如图 3-53 所示正三角形凸轮机构,设计者巧妙地将凸轮 2 设计为一个正三角形形状,主动件为滑块 1,形状如图所示。当移动滑块作往复运动时,三角形凸轮在滑块内孔边缘廓线的推动下作间歇运动,滑块移动一次,凸轮转度 120°。该设计除了能将主动件的往复直线运动转化为从动件的间歇转动外,还能用于转度为 120°的分度机构中。

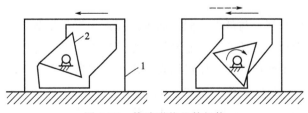

图 3-53　特殊形状凸轮机构

1—滑块;2—凸轮

　　某一工艺过程要求转轴能实现下列运动过程：沿逆时针方向转 60°；停歇；再沿逆时针方向转 60°；再停歇；沿顺时针方向回转 120°到初始循环工作位置。设计者根据上述运动特点，选用槽轮与齿轮机构的组合机构来实现上述工艺过程。首先在槽轮上开出三条夹角互为60°的槽，如图 3-54 所示，用一对齿数为 2∶1 的外啮合圆柱齿轮上的四个滚圆柱销作为驱动槽轮的拨销。当图中小齿轮沿顺时针方向转动时，小齿轮上的两只圆柱销先后将槽轮沿逆时针方向拨转两个 60°角，然后沿逆时针方向转动的大齿轮上的圆柱销又将槽轮沿顺时针方向拨转 120°角，使槽轮转回到循环运动的初始位置。

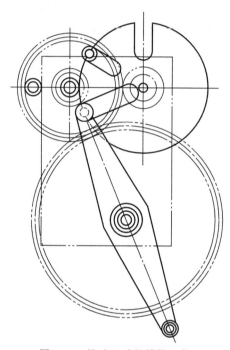

图 3-54　特殊运动的槽轮机构

　　普通的凸轮机构，凸轮转动一周，从动杆按照凸轮廓线的变化完成一个运动循环。在图 3-55 所示的凸轮机构中，设计者在普通凸轮外缘的侧板上用铰链巧妙地安装了两个跷跷板式的曲面廓线板，使凸轮转动第一圈时，从动摆杆的滚子沿曲面板上面的廓线运动，当滚子越过曲面板的铰链中心位置后，曲面板在从动杆载荷的作用下像跷跷板一样被压下与凸轮闭合，而使曲面板另一端抬起。当凸轮转动第二圈时，从动杆的滚子进入抬起的曲面板的下方沿凸轮的廓线运动，当滚子经过曲面板的铰链中心位置后，又将曲面板顶起，使另一端下降与凸轮闭合。随着凸轮的不断转动，从动杆在两条不同形状的凸轮廓线上交替运动，获得两种不同的运动规律。

　　从上面的例子可以看到，与低副不同，高副两元素的形状复杂而富于变化，这一点不仅体现在高副元素形状设计的灵活性上，而且体现在设计者可以通过巧妙地设计，使高副元素的形状随着机构的运动不断地变换，使机构表现出更加丰富多彩的运动形式。

　　一般的槽轮机构，最少需有三条槽。就是说：从动槽轮每一次运动的最大转度为120°。因此，当要求每一次转度大于 120°时，就必须考虑选用其他机构，或用组合的方法来改进槽轮机构自身的不足。事实上，通过对槽轮的槽作适当的改造，也能设计出转

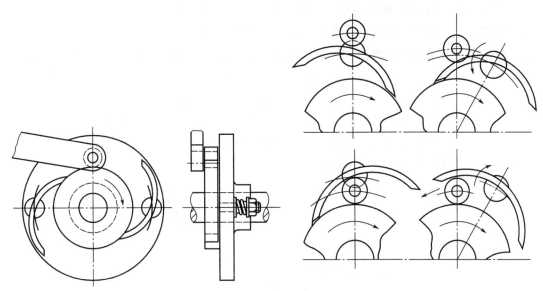

图 3-55 变廓线凸轮机构

度大于 120°的槽轮机构。如图 3-56 所示的槽轮机构中，槽轮上有两条呈 90°夹角的导槽，特别的是，在导入槽末端装有一顶面是斜面的挡块，如图 3-56 中导槽内带有斜线的小方块。挡块下装有压簧，可使挡块在受压时被完全压下。当销子运动进入导槽后，随着销子逐渐深入，驱动槽轮开始转动。当销子与挡块接触后，逐渐在挡块的斜面上滑过，将挡块压入挡块槽中。当销越过挡块到达 V 形槽的槽底转角处时，槽轮这时转过 90°。此时，挡块在弹簧的作用下弹起复位，使销不能再进入导槽返回。当销子继续转动时，借助挡块和导出槽的约束，迫使槽轮再转过 90°直到销与槽脱离接触，使槽轮再一次与销的啮合过程中实现 180°的转度运动。

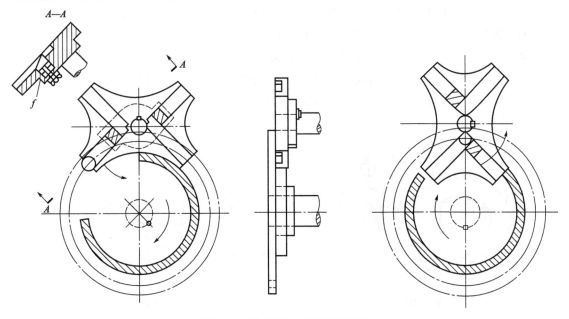

图 3-56 转度为 180°的槽轮机构

　　图 3-57 所示为手动插秧机的机构简图。图中机械手臂 5 末端的机械手 M 的运动轨迹如图中曲线所示。机械手运动的动力由工人推拉主动手柄 1 提供。为了使机械手实现上述轨迹运动，设计者采用了槽凸轮机构，将槽凸轮的内部廓线做成可转动的活动导向板 3，活动导向板 3 上端用弹簧拉住，使活动导向板 3 上端保持与槽凸轮外廓线闭合。当工人推动摆杆时，滚子从 B 点出发使机械手向前运动到盛秧箱 4 完成取秧动作，滚子推开活动导向板 3 向下运动使机械手完成插秧动作。当工人拉动摆杆时，滚子只能从活动导向板 3 下侧通过，并推开活动导向板 3 回到 B 点，使机械手完成回程轨迹运动。工人连续地推拉摆杆，机械手便不断地完成取秧和插秧的动作过程。

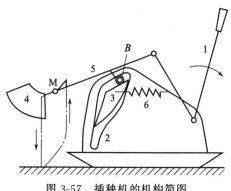

图 3-57　插秧机的机构简图

1—主动手柄；2—凹槽凸轮；3—活动导向板；4—秧盒；5—机械手臂；6—拉簧；M—分秧、插秧机械手

　　设计者除了可以通过对高副元素形状进行巧妙地构思来实现期望的复杂运动外，还能改善高副机构动力性能。高副是点、线接触的运动副，接触应力大。当两副元素是凸面与凸面接触时，因综合曲率半径小，承载能力受到限制。如图 3-58 所示外啮合圆弧齿轮传动，由于该传动是凹曲面与凸曲面啮合，与相同几何尺寸的渐开线外啮合传动比较，综合曲率半径大，接触强度高，故承载能力比相同条件下的渐开线齿轮传动提高约一倍。但是，由于圆弧齿轮两轮齿的齿形不同，两齿轮需用两把不同形状的刀具来分别切制，加工制造比较麻烦，成本也较高。采用图 3-58(b) 所示的双圆弧齿轮传动，两个齿轮可用一把刀具来加工，从而解决了加工制造成本较高的问题。双圆弧齿轮的齿廓曲线由两段曲线组成：齿顶是凸的，齿根是凹的，两齿轮啮合时齿顶与齿根均保持凸曲面与凹曲面啮合，它仍然具有单圆弧齿轮

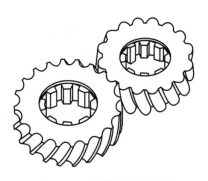

(a) 单圆弧齿轮传动

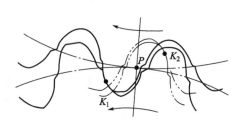

(b) 双圆弧齿轮传动

图 3-58　圆弧齿轮传动

传动的优点。不同的是，双圆弧齿啮合时会同时出现 K_1、K_2 两个齿面接触点，形成两条啮合线，因此，它除了具有接触应力小的优点外，重合度和抗变曲强度同时得到提高。

　　上海某厂根据渐开线-齿差行星齿轮传动的工作原理，创造性地设计出一种双摆线-齿差行星减速器。该减速器的结构示意图如图 3-59 所示。图中行星轮和太阳轮的共轭齿廓采用了互为包络曲线的内外摆线等距曲线。由于两齿廓是凹曲面与凸曲面的接触，且在啮合节点附近共轭齿形的曲率半径相差很小，近似面接触的啮合。因此，该减速器具有承载能力高，润滑性能良好的突出优点。

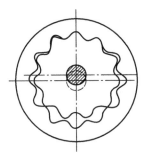

图 3-59　双摆线-齿差行星减速器示意图

(2) 利用变约束运动副进行机构创新

　　运动副元素提供的约束数在其做相对运动过程中是变化的运动副称为变约束运动副。如图 3-60(a) 所示的销槽运动副就是一个变约束运动副。当销子在槽的两端时，销和槽呈面接触，相当于一个转动低副。但当销运动至槽的中部时，销槽之间呈点、线接触成为一个高副。由于运动副元素的接触部位不同，提供的约束不同，必然会导致两构件的相对运动性质发生变化，利用这种变化可以创造出一些具有特殊功能和用途的新机构。

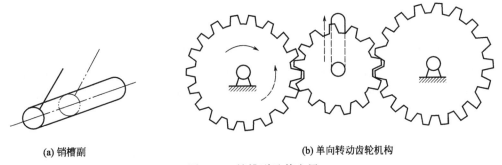

(a) 销槽副　　　　　　　　　　　　　　(b) 单向转动齿轮机构

图 3-60　销槽副及其应用

　　如图 3-60(b) 所示齿轮传动中，惰轮轴安装在端头是圆弧面的直槽中，形成一个销槽副。当主动齿轮沿顺时针方向转动时，惰轮轴被推向槽端的圆弧面中，形成一个转动副，机构自由度为 1，具有确定的相对运动。但当主动轮沿逆时针方向转动时，惰轮在主动轮驱动力的作用下沿槽上滑离开槽底，惰轮轴与槽面形成高副，这时系统的自由度为 2，从而破坏了齿轮之间的正常啮合，从动轮不能转动。利用变约束运动副，该机构成为只能实现传递单方向转动的齿轮机构。

　　图 3-61 所示为销槽副在编织机上的应用。该机构利用两个销槽运动副，使主动件作一

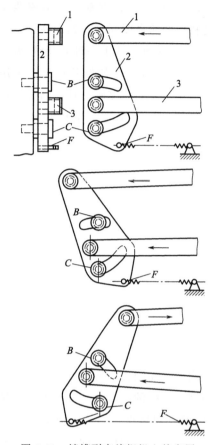

图 3-61　销槽副在编织机上的应用

1—主动连杆；2—摆杆；3—从动杆

次往复运动，从动件可以产生两次往复运动。图中两圆弧槽是分别以两销为圆心、以两销距离为半径加工出来的。主动连杆 1 由原动件驱动作往复运动。当主动连杆 1 向左运动时，在弹簧 F 的作用下，销 B 与槽底脱开，摆杆 2 绕 C 点沿逆时针方向转动，带动从杆 3 向左运动。当主动连杆 1 到达极限位置向右运动时，摆杆 2 又沿顺时针方向摆回，销 B 又回落到左边槽底，从动件 3 向右运动回到初始位置。但当主动连杆 1 继续向右运动时，摆杆 2 将绕 B 点沿顺时针方向转动，这时弹簧 F 被拉开，销 C 与其槽底脱开，从动件 3 又再一次向左运动，当主动连杆 1 到达极限位置后向左回移，摆杆 2 绕 B 点沿逆时针方向转动，销子 C 在弹力 F 的作用下回落到左边槽底，从动杆 3 向右移动回到初始位置，从而完成两次往复运动过程。

运动副中的每一个独立约束能在两构件间传递一个力或一个力矩。例如，转动副的约束数为 5，可传递三个方向的力和两个方向上的力矩；移动副则可传递三个方向的力矩和两个方向的力等。但如果再对转动副施加一个限制其转动的附加约束，对移动副再施加一个限制其移动的附加约束，则上述运动副只能在附加约束被克服后才能运动，这种增了附加约束的运动副称为附加约束运动副，它也是一种变约束运动副。提供附加约束的力可以是弹力、重力，也可以是摩擦力等。

图 3-62(a) 所示为附加约束转动副。图 3-62(b) 为附加约束移动副，其约束力或为弹力，或为重力。图 3-63 所示是这类运动副在两位置定位机构的应用举例。这类定位机构形式繁多，在生产与生活中的应用也不乏其例，例如电器开关、自行车、摩托车下的支架等。

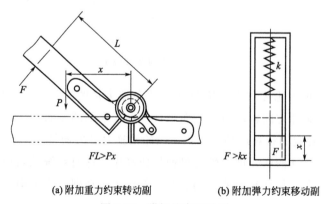

(a) 附加重力约束转动副　　　(b) 附加弹力约束移动副

图 3-62　附加约束运动副

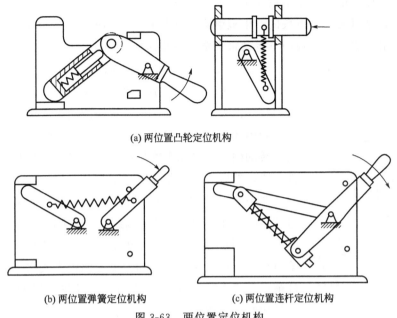

(a) 两位置凸轮定位机构

(b) 两位置弹簧定位机构　　　　　(c) 两位置连杆定位机构

图 3-63　两位置定位机构

图 3-64 所示为带有附加弹力约束转动副的七杆机构。构件 CD 与 DE 靠限位块和弹簧的拉力维持夹角 α。当曲柄 AB 沿顺时针方向转动时，CDEF 各点的相对位置关系不变，如同一个从动摇杆，但当 DE 杆在摆动中意外受阻或受到特别安置的限位装置的约束而无法继续运动时，只要驱动力足以克服弹簧的拉力，D 铰链上的附加约束将被解除，CD 杆这时克服弹簧的拉力沿顺时针方向转动，驱动原来相对静止的滑块 F 沿导杆 ED 运动。在这个设计实例中可以看到：附加约束运动副既可用来保护机构运行的安全，又可以使机构实现复杂的运动要求。

图 3-65 所示是一个用曲柄滑块机构和附加重力约束滑块制成的干草打捆机。该干草打捆机有两个可沿竖直方向运动的滑块，其中小滑块安装在体积、质量均较大的大滑块中的导轨上，小滑块直接由曲柄驱动，小滑块的冲程大于大滑块导轨的长度。

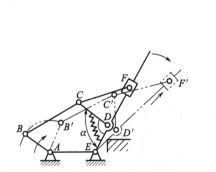

图 3-64　带有附加约束运动副的七杆机构

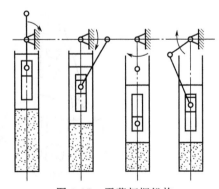

图 3-65　干草打捆机构

当小滑块在上极限位置时，大滑块在重力作用下与小滑块上端接触，也被带到上极限位置。这时在大滑块下面的滑槽中放入干草。当小滑块在曲柄的驱动下向下运动时，大滑块依靠自身重力先压住干草，当干草被压实，大滑块不能再向下运动时，小滑块在曲柄的驱动下继续向下运动，这时大、小滑块的约束被解除相互脱开。当小滑块继续向下运动与大滑块再次接触后，小滑块驱动大滑块向下运动将干草进一步压实。当小滑块回程时，大滑块在重力作用下保持不动，大、小滑块又一次分离。在大滑块不动的这段时间里，捆扎机（图中未画）将干草捆紧，直到小滑块上端重新与大滑块接触将大滑块提起，草捆被取出，大、小滑块一同回到工作的初始位置。

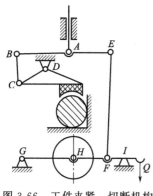

图 3-66　工件夹紧、切断机构

如图 3-66 所示，工件夹紧、切断机构也是巧妙利用重力来约束转动副，使之成为附加约束转动副，使机构能完成先将工件夹紧，然后将其切断的顺序工艺过程。

图中 H 为一圆盘锯，借助圆盘锯和重物 Q 的重力作用，迫使 GF 杆在 I 点与机架接触，使转动副 G 不能转动，构件 GF 暂时如同一机架。当机构 A 点向上移动时，由于 E 点所受重力较大，B 点先向上运动，从而驱动夹头将工件夹紧。当工件被夹紧后，随着 A 点继续向上运动将电锯 H 提起，逐渐将工件切断，完成整个工艺过程。

一般的有齿棘轮机构，棘爪在作回程运动时将在棘齿上划过。这除了加剧棘爪与棘齿的磨损外，还会产生刺耳的噪声。为了克服上述缺点，在图 3-67 所示的棘轮机构中将驱动棘爪的摆杆 1 用摩擦制动器 B 与棘轮轴连接（摩擦力大小可以调节），驱动摆杆 1 的连杆 2 并不直接与摆杆 1 连接，而与棘爪相连。棘爪上制出了一个限位缺口，并在限位缺口内的相应位置上安装一个挡销 A，以限制棘爪的摆动幅度。当主动连杆 2 向右运动时（棘轮开始回程运动），棘爪与摆杆 1 连接铰链的阻力比摆杆 1 与棘轮轴连接的制动器 B 的阻力小，棘爪先沿顺时针方向转动使棘爪与棘齿脱开，棘爪转动一定角度后，棘爪限位口被挡销挡住不能继续转动，连杆 2 将拖动棘爪和摆杆 1 一起沿逆时针方向转动，完成棘爪的回程运动，当连杆 2 向左移动时，棘爪先沿逆时针方向转动与棘齿啮合，推动棘轮沿逆时针方向转动，完成一个运动循环。由于棘爪在回程时已先行与棘齿脱开，因此，这种创意设计消除了棘爪回程运动时的磨损与噪声。

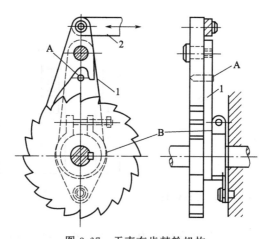

图 3-67　无声有齿棘轮机构

1—摆杆；2—主动连杆；A—挡销；B—摩擦制动器

图 3-68 所示为一种很有新意的机车车轮制动机构。该机构制动力由一只气缸活塞提供，为了防止出现两片制动闸瓦在制动中一片闸瓦已贴近车轮而另一片闸瓦却因机构尺寸误差而不能靠近车轮无法使两片闸瓦同时将车轮抱住的问题，设计者将制动器设计成只有一个原动件的二自由度机构。根据机构运动的最小阻力运动规律，当活塞向左运动时，各构件将按最小阻力方向运动，一旦其中一片闸瓦与车轮接触后，由于约束增加，机构的自由度变为 1，于是另一片闸瓦将迅速向车轮靠近将车轮抱住，完成制动过程。当活塞向左运动时，机构的自由度又恢复为 2，两片闸瓦以自适应的方式与车轮脱开。当活塞运动至左极限位置不动时，活塞相当于机架，这时机构的自由度为 1，就是说，两片闸瓦在非工作时仍保持有 1 个自由度。这个自由度使两闸瓦能同时向一侧移动，为更换闸瓦一方增大了操作空间，给更换闸瓦带来了方便。这种设计也可以保证制动机构在换上厚度不同的新闸瓦后，不会影响合闸的制动效果。

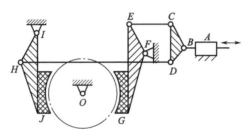

图 3-68　机车车轮制动机构

(3) 利用运动副的替代进行机构创新

在不改变机构的运动输入和输出特性、不改变机构自由度的条件下，将机构中的某些运动副采用一定的方法进行转换或替代，使一种机构能变异成多种同性异形的机构，从而为机构的选择创造了更多的机会，为机构创新提供了思维空间。

① 低副与低副的替代　从运动的角度考虑，机构中的两构件之间只需要一个运动副就能满足机构运动的需要。但从受力、强度、刚度等结构方面考虑，两构件之间常采用两个甚至多个运动副来连接。例如图 3-69(a) 所示的回转构件就是用两个转动副将其连接在机架上，计算该机构的自由度可发现：该机构仅有圆盘转动的一个自由度，故只需 5 个约束，而机构中有两个转动副，共提供了 10 个约束，所以，该机构有 5 个过约束。过约束的数量越多，对构件的制造精度要求越高，机构运动对构件变形越敏感，装配和拆卸也越困难。此外，由于载荷、温度以及制造误差，在具有过约束的机构中可能产生较大的附加应力，从而加剧运动副的磨损，降低机构的传动效率。如果用降低运动副的制造精度，增大运动副中的间隙来消除过约束带来的不利影响，又往往会引起运动副元素间的冲击，加速运动副的损坏。因此，在可能的情况下应力求采用过约束少或无过约束的机构。无过约束的机构，除了具有对制造精度要求不高、运动副中的反力与变形无关的优点外，还具有一种优良的性能——构件能在载荷作用下自行调整占据与制造和装配误差相适应的位置。这种机构无须长时间跑合，工作可靠，寿命也较长。为了减少机构中的过约束，图 3-69(b) 中用圆柱副替代图 3-69(a) 中的一个转动副后，机构的过约束数为 4。图 3-69(c) 中用球面副替代图 3-69(b) 中的圆柱副后，机构的过约束数为 3。图 3-69(d) 中用圆柱副替代图 3-69(c) 中的转动

副后，机构的过约束数为2。图3-69(e)中用球面副替代图3-69(d)中的圆柱副后，机构的过约束数为1。图3-69(f)中用圆柱副替代转轴与球的刚性连接，形成一个球面与圆柱运动副的组合运动副后，机构的过约束为零。合理地安排和设计机构中的运动副，可以降低生产成本，提高机构的工作效率和工作寿命，是机构创新设计人员应当认真思考的问题。

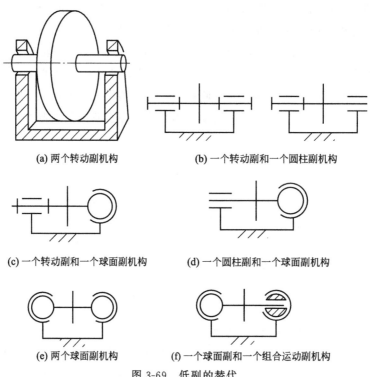

(a) 两个转动副机构 (b) 一个转动副和一个圆柱副机构

(c) 一个转动副和一个球面副机构 (d) 一个圆柱副和一个球面副机构

(e) 两个球面副机构 (f) 一个球面副和一个组合运动副机构

图 3-69　低副的替代

　　如图3-70所示平底直动从动杆凸轮机构，由于从动杆的平底与凸轮为高副接触，相对滑动率较大，当凸轮工作转速较低时，流体动力润滑油膜不易形成，构件容易磨损。为了改善凸轮机构的这种工作状态，设计者将从动杆的移动副改造为圆柱副，于是当凸轮转动时，平底从动杆的平底面与凸轮作相对纯滚动，即从动杆在旋转的同时按凸轮廓线做上下往复运动，从而降低了凸轮与从动杆平底面的磨损，提高了凸轮机构的工作效率和使用寿命。

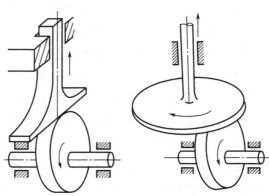

图 3-70　平底直动从动杆凸轮机构的创新设计

受图 3-70 所示凸轮机构的启发,如图 3-71 所示空间圆柱凸轮机构一改从动杆规律由凸轮一条廓线确定的常规,在圆柱凸轮两端制出两个轮廓曲面,圆柱凸轮用圆柱副与机架相连,圆柱凸轮的下端面的轮廓曲面与固定在机架上的滚子接触,上端面的轮廓曲面推动滚子从动杆。这样,在凸轮转动时,凸轮将按下端面的曲面廓线作上、下往复运动,于是从动杆的移动量将是凸轮上端曲面引起的移动量与凸轮移动量的和。图 3-71(b) 是另一种增程凸轮机构。盘形凸轮上有两条廓线,滚子 2 沿 2′ 廓线运动,凸轮 3 沿 3′ 廓线运动,凸轮 3 固定在机架上。凸轮转动时,从动杆 1 的位移量将是 2′ 廓线引起的位移与 3′ 廓线引起的凸轮位移之和。这种创意设计可以在不增大凸轮机构压力角和体积的前提下,增大从动杆的行程。

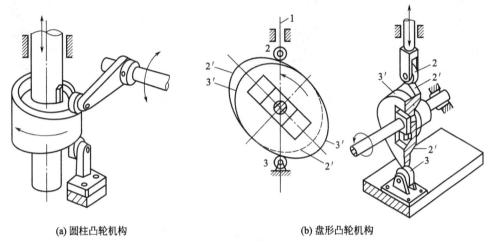

(a) 圆柱凸轮机构   (b) 盘形凸轮机构

图 3-71 增程凸轮机构

1—从动杆;2—滚子;3—凸轮;2′,3′—凸轮廓线

机器人常需要完成各种复杂的空间运动,同时又需要实施精确的控制,并且要有足够的强度和刚度。因此,机器人的关节并不完全像人的关节那样设计制造成一系列的球面副,而广泛地采用各种平面运动低副代替。例如,图 3-72(a) 所示为由三个移动副(关节)构成的直角坐标式机器人。图 3-72(b) 所示为由一个转动副和两个移动副构成的圆柱坐标式机器人。图 3-72(c) 所示为由两个转动副和一个移动副构成的球坐标式机器人。图 3-72(d) 所示为由三个转动副构成的关节式机器人。由于广泛采用平面运动低副,因此,机器人驱动方式选择灵活,可采用伺服电动机或步进电动机的电力驱动,也可以采用液压驱动或气动。定位精度控制和重复精度控制相对较易实现,机器人的承载能力也容易得到保证。

② 高副与低副的替代 如图 3-73(a) 所示摆动从动杆偏心圆盘形凸轮机构,由于两高副元素为圆,两圆心距离 BC 在机构运动中始终保持不变,因此,可以用高副低代的方法将该凸轮机构转换为曲柄摇杆机构,即用位于两高副元素曲率中心的两个转动副 B、C 和杆长等于 BC 距离的连杆来代替原来机构中的凸轮高副,得图 3-73(b) 所示曲柄摇杆机构。该曲柄摇杆机构为原凸轮机构的同性异形机构。反过来,该曲柄摇杆机构也可以用低副高代的方法将其转换为另一个同性异形的凸轮机构,如图 3-73(c) 所示,由于替代凸轮高副的位置可以在 BC 杆上任选,因此所得到的机构尺寸是各种各样的。恰当地选择替代高副在连杆 BC

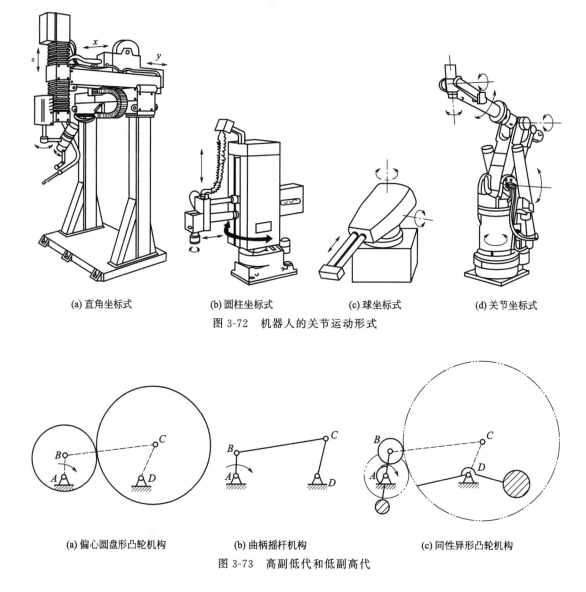

(a) 直角坐标式   (b) 圆柱坐标式   (c) 球坐标式   (d) 关节坐标式

图 3-72   机器人的关节运动形式

(a) 偏心圆盘形凸轮机构   (b) 曲柄摇杆机构   (c) 同性异形凸轮机构

图 3-73   高副低代和低副高代

上的位置，可以将原机构的体积缩小，从而减小机构的质量。由于凸轮机构惯性力平衡比连杆机构容易，且由于构件的质量减小，平衡配重也可以相应减小，这对提高机构的动力性能是十分有益的。

如图 3-74(a) 所示曲柄滑块机构，当以滑块为主动推动曲柄运动时，会出现死点问题。采用低副高代的方法将连杆及连杆上的两个转动副用高副代替，并将两高副元素形状加以创新改造，做成图 3-74(b) 所示形状，则可以克服当以滑块为主动曲柄时会出现死点的问题，使机构成为一个无死点的滑块曲柄机构。

滚动轴承是应用广泛的基础构件，它的基本结构由内圈、外圈、滚动体和保持架组成，如图 3-75(a) 所示。保持架与滚动体间为球面低副，运动副元素间作相对滑动。去掉保持架用中介钢球代替，如图 3-75(b) 所示，各滚动体为高副接触，运动副元素间的相对运动变为纯滚动，从而可以进一步提高轴承的效率和使用寿命。

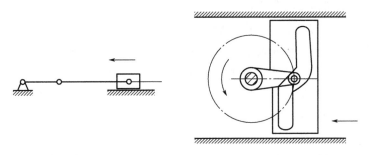

(a) 有死点曲柄滑块机构　　　　(b) 无死点曲柄滑块机构

图 3-74　无死点曲柄滑块机构设计

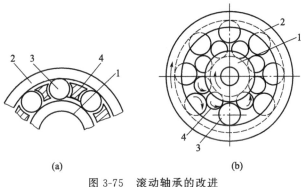

(a)　　　　　　　　(b)

图 3-75　滚动轴承的改进

1—内圈；2—外圈；3—钢球；4—保持器

销槽副两元素间既可以相对移动，又可以相对转动，这与一个带有转动副的移动副的运动功能是相同的。但销槽副是高副，承载能力较差。带传动副的移动副结构虽复杂一些，但承载能力较好。在设计时，设计人员可根据实际情况进行替换，如图 3-76(a) 所示为细纱机中的摇架加压机构。构件 1 为加压的原动件用铰链连接在机架上。构件 1 上有两只销子 O、A 与构件 2 上的圆弧槽组成销槽副，构件 2 的一直边与机架上的圆柱体构成滚滑高副 C。圆弧形的销槽副可用带转动副的圆弧导轨滑移副替代，而圆弧导轨的滑移副又可以用位于圆弧中心的转动副替代。将高副 C 用低副替代，并根据圆弧导槽的曲率中心，将两圆弧形的销槽副用转动副替代，得图 3-76(b) 所示同性异形的低副机构。由于低副易于加工，耐磨性能好，因而提高了其使用性能。

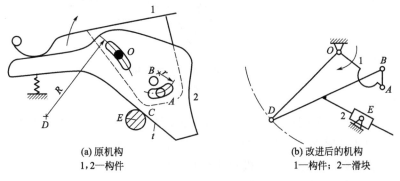

(a) 原机构　　　　　　　　(b) 改进后的机构
1,2—构件　　　　　　　　1—构件；2—滑块

图 3-76　摇架加压机构

　　少齿差行星减速器需要将作平面运动的行星轮的转动输出，因此需要设计平行轴等速输出机构。平行四边形机构、十字滑块联轴器和双万向联轴器都可以作为两平行轴的等速输出机构。但这些机构零件多、结构复杂、空间尺寸大，也不适合有多个行星轮的场合。因此人们一直在努力寻找零件少、结构紧凑的等速输出机构。如图 3-77 所示，双销式和孔销式等速输出机构是将平行四边形机构采用低副高代得到的一种等速输出机构。两种机构的销与销或销与孔的中心距等于行星轮中心到太阳轮中心的距离，销子的中心、销孔（或销子）的中心、行星轮的中心和太阳轮的中心在运动中始终保持平行四边形的运动关系，因此，在机构运动过程中，销轮盘或销孔盘的角速度与行星轮角速度相等。该等速输出机构结构简单，便于安装拆卸，是一种少齿差行星减速器中常用的等速输出机构。

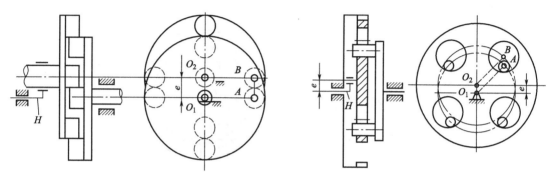

图 3-77　双销式、孔销式等速输出机构

　　如图 3-78 所示浮动盘式等速输出机构可以看成是将十字滑块联轴器中的带转动副的移动副用销槽副替代得到的。销子可以在槽中既滑动又转动，但单销却不能像滑块那样传递运动和转矩。因此，设计者在行星轮上安装了 4 只销子来驱动十字槽浮动盘转动并输出转矩。十字槽浮动盘联轴器是十字滑块联轴器的同性异形机构，是一种适用于低速的新颖的等速输出机构。

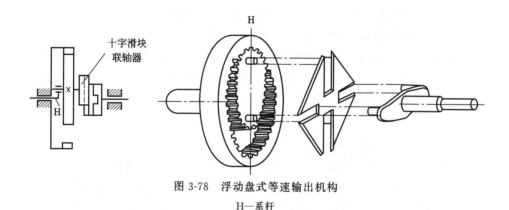

图 3-78　浮动盘式等速输出机构

H—系杆

　　除了采用高副低代或低副高代寻找同性异形的新机构方法外，利用求作机构的瞬心线也能创造出机构的同性异形机构。例如如图 3-79 所示圆在机架上纯滚动，圆与机架接触点处速度相同为零，故接触点 P_{12} 为圆与机架的瞬心。P_{12} 在椭圆运动的平面上的轨迹为圆 S_1，故圆 S_1 为两构件的动瞬心线；而 P_{12} 在机架平面上的轨迹为直线 S_2，故直线 S_2 为两构件

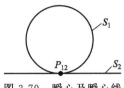

图 3-79　瞬心及瞬心线

的定瞬心线。这两条瞬心线称为相对瞬心线。两构件的相对瞬心线必随着两构件的相对运动作无滑动的纯滚动。反之，两瞬心线纯滚动，必然得到两构件原来的相对运动。

如图 3-80 所示反平行四边形机构 $ABCD$，其中 $AD<AB$，AD 为机架。从图中可看出，不论机构怎样运动，根据三心定理，AB 和 CD 的交点 P 即为连杆 2 的瞬心，并且可以证明，$AP+DP=AB$ 为常数，故连杆 2 的定瞬心线是以 A、D 为焦点的一个椭圆 S_4。以连杆 BC 为机架可知，连杆 AD 的瞬心线是以 B、C 为焦点且与椭圆 S_4 全等的另一个椭圆 S_2，这个椭圆就是原机构中连杆 2 的动瞬心线。当反平行四边形机构以 AD 为机架运动时，椭圆 S_2 将在椭圆 S_4 上作纯滚动，反之，椭圆 S_2 在椭圆 S_4 上作纯滚动亦可以复演连杆 2 相对于机架 4 的相对运动。

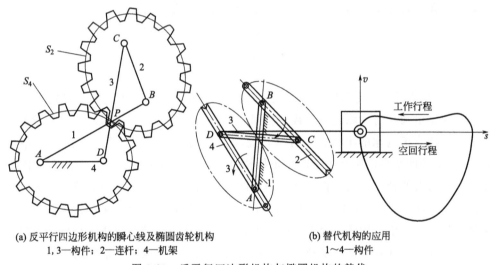

(a) 反平行四边形机构的瞬心线及椭圆齿轮机构　　　　(b) 替代机构的应用
　　1，3—构件；2—连杆；4—机架　　　　　　　　　　1～4—构件

图 3-80　反平行四边形机构与椭圆机构的替代

若将上述反平行四边形机构的曲柄 AB 固定不动，则椭圆 S_2 和 S_4 成为一对相对瞬心线，它们将各自绕 A、B 回转。因此，反平行四边形机构中 AD 和 BC 杆的运动可以用回转中心在 A、B 的一对椭圆摩擦轮的运动来替代。以这两个椭圆为节圆设计出椭圆齿轮机构，如图 3-80(a) 所示。

在图 3-80(b) 所示的组合机构中，为了使滑块在工作行程时运动更平稳，回转急回更明显，拟采用一对椭圆齿轮机构来驱动滑块机构。从滑块运动分析的速度线图可看出：滑块的运动特性得到显著的改善。为了降低生产成本，设计中采用反平行四边形机构来替代椭圆齿轮机构。为了避免连杆与机架共线时从动曲柄出现运动方向不确定的问题，在两曲柄端部制成图 3-80(b) 所示的凹槽和销，可将机构从死点位置引出，确保机构始终按反平行四边形机构的状态运动。

③ 高副与高副的替代   将图 3-77 所示的双销式或孔销式等速输出机构中圆柱形的销或孔用圆锥形的销或孔代替，得到图 3-81 所示双锥销、锥销孔式等速输出机构。由于可以通过调节轴向位置来消除锥销与锥销或锥销与锥孔间的啮合间隙，机构中能同时啮合的滚动副数量增多，使机构的承载能力和传动精度得到提高。

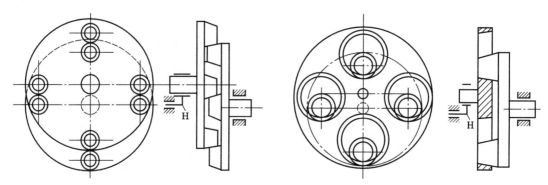

图 3-81   双锥销式、锥销孔式等速输出机构

H—系杆

双销式或孔销式等速输出机构的销或孔是固连或直接加工在运动构件上的，因此其制造和定位精度对机构的传动精度和承载能力影响很大。如果采用啮合中介体，例如钢球，将组成等速输出机构各构件通过形封闭使之保持接触，从而可以降低对加工精度要求，提高机构的传动性能。

图 3-82 所示是根据上述思想设计的能自动调隙的钢球环槽式等速输出机构。图中行星轮盘的右侧和输出圆盘的左侧均布有数量相同、形状一样的多个圆环形凹槽。凹槽的法截面呈半圆形，半径等于钢球的半径。当行星轮盘与输出圆盘安装好以后，两圆盘的中心距为 a，两个圆盘上的凹槽形的圆环中心距也正好错位为 a。在两错位凹槽重叠的空间内分别置入钢球，调节两盘的轴向距离，将钢球封闭在两凹槽的圆弧曲面中，形成球与曲面的空间高副连接。由于钢球直径为 a，使两凹槽形圆环的中心距在运动中始终保持为 a，于是两圆环中心与两轮盘的转动中心构成一个平行四边形，从而保证输出轴的角速度与行星轮角速度始终相等。该机构结构紧凑、传动平稳，而且能自动调隙，因此应用前景广阔。

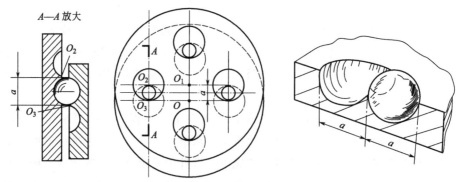

图 3-82   钢球环槽式等速输出机构

按照相同的构思，将图 3-78 所示浮动盘式等速输出机构中的销-槽高副用球-圆柱曲面高

副替代就得到了图 3-83 所示钢球直槽式等速输出机构。图中，在行星轮盘的右端面与输出圆盘的左端面上，分别对应地加工四条平行的安置钢球的直凹槽，其中一个端面上的槽全部水平，另一个端面上的槽全部竖直。此外，再制作一个中间圆盘，该圆盘的两面各有四条直凹槽与两端面的直凹槽对应，将三圆盘叠合，并在对应的凹槽中分别置入 8 个钢球，就构成了钢球直槽等速输出机构。该机构的工作原理与十字滑块联轴器的工作原理完全一样，只是这里用滚动副代替了原来的移动副，因此，机构运动副的摩擦小，传动效率较高。由于中间圆盘是浮动的，减少了机构中的多余约束，机构的自适应能力增强，传动更加平稳。由于机构中各运动副元素的间隙可以轴向调节，因此，机构运动回差小，传动精度高。

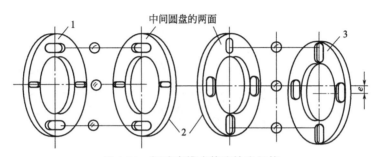

图 3-83　钢球直槽式等速输出机构

1—行星轮盘；2—中间圆盘；3—输出圆盘

齿轮联轴器的结构如图 3-84（a）所示。它主要用于连接有少量偏距和倾斜的两半轴。为了适应两半轴偏距和轴间夹角较大的场合，将原机构的两外齿圈做成形如哑铃状的一个双联齿轮，并加大对轮齿的修形使之形成一个双联鼓形齿轮。将双联鼓形齿轮分别插入被连接两轴的内齿轮时，保证鼓形齿与内齿啮合没有间隙，如图 3-84（b）所示。传动时由于双联鼓形齿轮作摇转运动，故这种联轴器又称为摇转齿轮联轴器。由于摇转齿轮联轴器的齿形作了较大的修形，鼓形齿与内齿呈凸面与凹面的啮合，因此，它除了具有传递扭矩大、工作平稳、安全可靠的特点外，还对被联轴装配误差有较强的适应性。

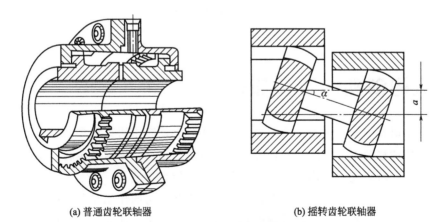

(a) 普通齿轮联轴器　　　　　　　　　(b) 摇转齿轮联轴器

图 3-84　齿轮联轴器

普通蜗杆传动最大的缺点是：蜗杆与蜗轮齿面间的相对滑动速度大，摩擦磨损厉害，传动效率低。为了改善上述缺点，图 3-85（a）采用圆柱滚子齿。用图 3-85（b）采用圆锥滚子齿来替代蜗轮上的固定轮齿，使机构的传动效率得到提高，在汽车转向器中得到广泛的应用。图 3-85(c) 所示为循环钢球单头圆柱蜗杆传动。图 3-85(d) 所示为一种简易的蜗杆传动，它将一根稍细的钢丝缠绕在另一根较粗的钢丝上焊接形成蜗杆。图 3-85(e) 则是将一根钢丝缠绕在另一根柔软的钢丝上形成"蜗轮"与蜗杆啮合。当蜗杆传动时，柔性"蜗轮"沿圆弧面滑动，犹如一根柔性齿条。由于该机构制造容易、体积小而行程大，在汽车挡风玻璃升降机中得到应用。

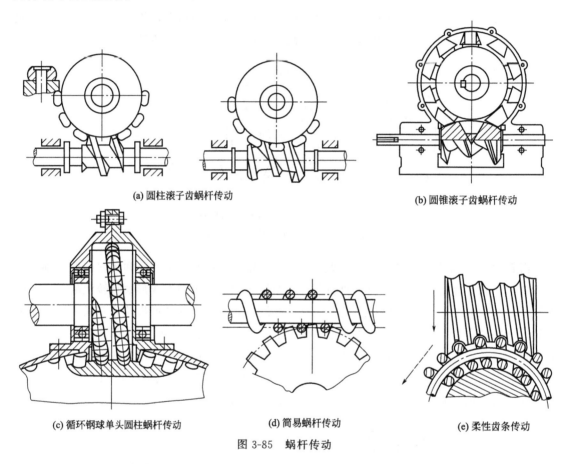

(a) 圆柱滚子齿蜗杆传动

(b) 圆锥滚子齿蜗杆传动

(c) 循环钢球单头圆柱蜗杆传动   (d) 简易蜗杆传动   (e) 柔性齿条传动

图 3-85   蜗杆传动

3.3   机构创新的移植原理

移植是科学研究中最有效、最简单的一种方法，也是应用研究最多的方法之一。在机构创新设计中，所谓移植就是把已知机构的原理、方法、结构、用途甚至材料等内容具体运用到另一机构中，使所研究的机构产生新的性质和新的使用功能。

在运用移植原理实施创造的过程中，类比、联想和效仿的作用是巨大的。通过分析两个事物之间的异同点——类比，从一事物想到他事物——联想，从而由表及里逐渐认识事物的本质，再通过效仿最终获得解决问题的方法。

传统的金属轧制方法如图 3-86(a) 所示。采用这种方法，金属件靠单纯挤压变薄极易产生裂纹。于是人们开始构思轧辊压下量是渐变的机构，设计出如图 3-86(b) 所示的振摆式轧机。该轧机由齿轮机构 1-2-3 和五杆机构 $ABCDE$ 组合而成。当主动齿轮 1 转动时，五杆机构中的连杆 BC 上 M 点的轨迹如图所示。调节 AB 和 DE 杆的相位角，可对 M 点的轨迹进行调整以满足不同轧制工艺的需要。当 M 点按图示轨迹运动时，连接在 M 点上的轧辊逐渐对金属材料加压并滚碾，最终将金属件压薄。

同样为了解决轧制件上出现的裂纹问题，日本一技术员在看到用擀面杖使面饼逐渐被擀薄的过程联想到轧制金属板，于是将擀面原理移植到金属轧机中，发明了如图 3-86(c) 所示的行星式轧辊。金属材料在行星轧辊作行星运动过程中，多次被滚碾和延展，逐渐被压薄，从而用较简单的原理解决了金属材料轧制工件出现裂纹的问题，并取得了专利发明。

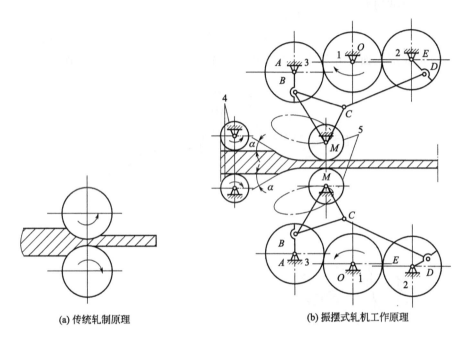

(a) 传统轧制原理　　　　　　　　(b) 振摆式轧机工作原理

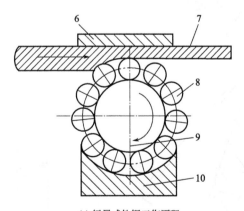

(c) 行星式轧辊工作原理

图 3-86　轧机的创新

1～3—齿轮；4—送料辊；5—轧辊；6—固定板；7—原料板材；8—工作
轧辊；9—传动轧辊；10—支承用轴承轴瓦

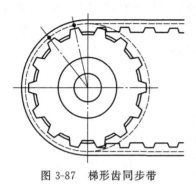

图 3-87   梯形齿同步带

普通的 V 形带制造成本低、运行平稳、噪声小，有吸振、缓冲和过载保护的功能，适用于两转动轴距离比较远的场合。但由于带传动靠摩擦力传递运动和动力，不能保证准确的传动比。与带传动相比，齿轮传动的传动比恒定，但远距离传动成本高。将轮齿移植到带上，创造出了圆弧齿、梯形齿等多种齿形同步带。图 3-87 所示为梯形齿同步带。同步带兼有带传动、链传动和齿轮传动的优点，带与带轮间无相对滑动，能保证准确的传动比，传动效率也较高。

仿照带传动的形式，将皮带、钢带或夹钢丝布带拉紧后覆盖在构件的轮廓表面，并将带的端头固定得到图 3-88（a）所示的各种柔性构件传动机

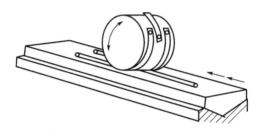

(a) 柔性构件传动机构

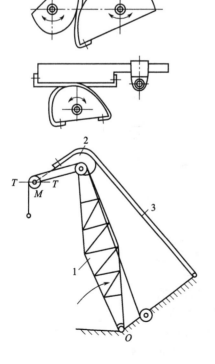

(b) 起重机水平运动补偿机构

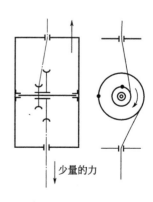

(c) 绳轮升降机构

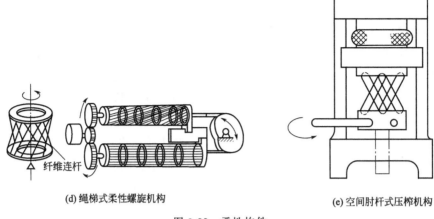

(d) 绳梯式柔性螺旋机构　　　　　　(e) 空间肘杆式压榨机构

图 3-88　柔性构件

1—主动摆杆；2—凸轮；3—挠性带

构。这种机构保留了带传动的许多优点，如成本低、运动平稳、噪声小，有吸振、缓冲和过载保护功能，同时还具有传动能耗小、效率高、传动准确、换向时无刚性冲击等优点。图 3-88(b) 将挠性带 3 包裹在凸轮 2 上，当起重机主动摆杆 1 绕 O 点转动时，利用凸轮廓线形状来补偿吊钩水平运动时与理论水平线 TT 的偏差。图 3-88(c) 所示为一绳轮提升机构。提篮中有一个双联滑轮，一根绳索端头固定在小滑轮上，绳索一端从提篮上引出与高处固接；另一根绳索一端固定在大滑轮上，绕数圈后从提篮下引出供操纵者使用。当操纵者拉动绳索时，提篮会快速向上运动。如果将提篮引出的绳索位置颠倒，提篮上升速度则变慢，但操纵者可以用较小的力量提升重物。

　　根据空间曲柄滑块机构的工作原理，美国尤塔大学的教师设计出一种将双向摆动转换成往复直线运动的绳梯式柔性螺旋机构，如图 3-88(d) 所示。当主动件 1 双向转动时，纤维连杆连接的两个圆环距离伸长或缩短，带动与圆环相连的滑块作直线往复运动。由于绳索具有柔软的特点，加上凸轮的补偿作用，从动滑块的运动平缓而柔和，这种机构将会得到广泛的应用。根据绳梯式柔性螺旋机构工作原理，人们联想设计出如图 3-88(e) 所示的空间肘杆式压榨机构。

　　此外，自然界的生物在长期的进化中，产生出许多合理的结构和奇妙的功能，设计者可以从中得到许多启发，如各种仿生机械、机械手以及复杂的机器人等很多机构设计的构思都来自生物对设计者的启发。

3.4　机构创新的还原原理

　　一切机械产品的基本功能都是通过机械的运动来实现的，这是机械产品与其他类型产品最显著的区别。在机械设计中，设计者必须根据设计任务要求拟定出相应的机械运动方案，综合各方面的因素选择动力、机构和控制方式，使之构成一个机械传动系统，最终通过动力使机械系统运动来实现产品的功能。机械传动系统设计中，机构设计是一项极富创造性的工作。因为机构种类繁多，性能相同的机构数量也不少，能够实现相同运动的机构并不是唯一的。这就为设计者提出来一个问题：当机构所要求的运动及功能确定了以后，怎样去寻找和创造能实现这些运动和功能尽可能多的同性异形机构，为提高机构的性能创造条件，为创造新机构提供可能。

还原创造原理认为：产品创造的原点是实现产品的功能，在保证实现功能的前提下，可以采用各种原理、方法和结构。既然机构最基本的功能是实现机械运动，设计者在针对某一设计目标创造机构时，应当努力排开已有机械的工作原理和结构形式对设计思维的束缚，突破传统，开阔思路，围绕既定的设计目标，综合运用机、光、电、磁、热、生、化等各种物理效应搜寻实现机械运动的各种可能的工作原理。设计者在构思运动方案时，应当追根溯源，从运动产生的最基本原理入手去探索标新立异的新机构和新结构。

例如：传统的电风扇都是利用旋转扇叶片使空气流动达到送风的目的。那么实现这种功能还有没有别的方法呢？人们回到迫使空气流动这一创造原点上进行分析，有人提出并实现了用压电陶瓷通电后产生振荡，带动固连在压电陶瓷上的金属片振动，使空气流动形成风的方法，制成了无旋转叶片的新型电风扇。

图 3-89 所示为一种以压电元件为动力的间歇移动机构。机构由压电元件 1 和两个电磁铁 2、3 组成。当压电元件 1 被电磁铁 2 夹紧时对其施加电压，压电元件伸长，驱动执行构件向左运动，然后左边电磁铁 3 将压电元件夹紧，右边电磁体去磁后对压电元件断电，使压电元件收缩恢复原状。以后按这一过程频繁地给压电元件通电、断电，并使两电磁体交替励磁、去磁，执行构件便能产生向左的间隙直线运动。该机构结构简单、动力较大，高频通电可使执行构件有不小的运动速度。

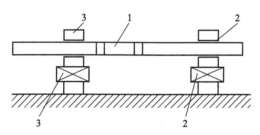

图 3-89　压电式间歇移动机构
1—压电元件；2—右电磁体；3—左电磁体

图 3-90 所示为双膜片压电陶瓷惯性冲击微型机器人。机器人由产生惯性运动的质量块 1、双膜压电片 2、行走本体 3 和支撑爪 4 构成。将这种机器人置于管道中，使其支撑爪在不通电时刚好支撑在管壁上，如图 3-90(a) 所示。当对压电片施加交变电压时，由于弹簧片向两侧不断弯曲变形，引起机器人本体上的质量块相对管壁产生轴向往复振动，在质量产生的惯性力的作用下，使支撑爪推动机器人本体沿管壁移动。这种机器人压电片变形量大、搭载能力强、功耗低、移动速度和方向可调，可在竖直、水平和弯曲的管道中前进和后退，移动速度可达 $10\sim14\text{mm/s}$。

机械产品中，普遍采用电动机作为动力，通过机构将电动机的转动转换为其他所需要的运动。如果直接利用电磁转换产生需要的机械运动，则可以省略传动机构，缩短传动链，提高机构的传动效率。例如图 3-91 所示电动锤机构，它利用两个电磁线圈 1、2 交变磁化，使

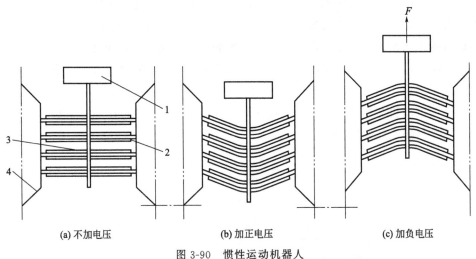

(a) 不加电压　　　　　　(b) 加正电压　　　　　　(c) 加负电压

图 3-90　惯性运动机器人

1—质量块；2—双膜压电片；3—行走本体；4—支撑爪

锤头 3 直接产生往复直线运动。生活中如电动按摩器、电动理发剪、电动剃须刀、打印机中的打印头，都是直接利用交变磁化的电磁线圈使按摩头、刀片或打印针作往复运动，实现机构的使用功能。由于省略了运动转换机构，这些产品的体积都很小，便于操作、携带和使用。

　　图 3-92 所示为一电磁振动供料机构示意图。图中激振装置由电磁线圈 3 和衔铁 4 组成。当激振器通电后，衔铁沿图示左下供料槽中的工件 5，使工件振动。振动的工件向右上方被抛起后将落在供料槽的斜上方，使工件沿供料槽向上移动一微小距离。由于供料槽倾斜角设计合理，当工件向左下方振动时，在摩擦力的作用下工件维持不动。随着供料槽的不断振动，工件就一点点地被送到供料槽的上方出料口，完成供料过程。

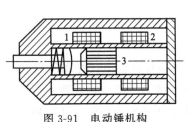

图 3-91　电动锤机构

1,2—电磁线圈；3—锤头

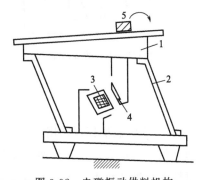

图 3-92　电磁振动供料机构

1—供料槽；2—板簧；3—电磁线圈；4—衔铁；5—工件

　　直接利用电磁转换来产生所需的机械运动，可以大大简化机械产品的结构，缩小机械产品的体积，提高机械的传动效率，是机构创新的一种好方法。近年来随着科学技术的不断发展，研制出的稀土材料永久磁铁的作用力可以达到相当大的水平，使磁性材料在机构中也得到更广泛的应用。

图 3-93（a）所示为一台钢板运送机构。图中滚轮为磁性滚轮。工作人员操纵提升机构使滚轮下移将一块钢板吸住，然后再将机构上移，使钢板对准两输送辊之间的位置，驱动磁性滚轮转动将钢板水平送入输出辊之间，完成钢板的运送作业。该机构由于采用了磁性滚轮作为钢板的抓取机构，使整个机构的结构和工艺动作大大简化，同时也节约了能耗，使维护变得简单而易于操作。图 3-93（b）采用磁铁材料将转动直接转换为往复直线移动（或振动）。图 3-93（c）中电动机与从动件用磁场连接使从动件转动，电动机可以完全密封起来，适用于水下或有易燃易爆气体的场合。

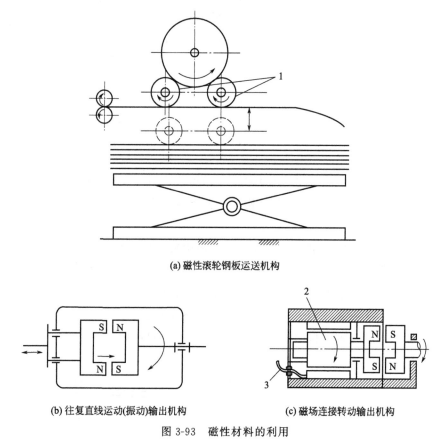

(a) 磁性滚轮钢板运送机构

(b) 往复直线运动(振动)输出机构   (c) 磁场连接转动输出机构

图 3-93　磁性材料的利用

1—磁滚；2—电动机；3—电线

图 3-94 所示为温控摆杆机构用于继电器的例子。温控摆杆机构由摆杆和一只与之相连的涡卷形扭簧构成。涡卷形扭簧由两种线胀系数不同的金属复合而成。由于两种金属材料受热或遇冷时线胀长度变化不一致，涡卷扭簧受热时会松开，遇冷时会收紧，从而使与之相连的摆杆产生左、右摆动。控制涡卷扭簧的温度，就可以控制摆杆的运动。

自然界中蕴藏着巨大的自然能，直接、巧妙地利用这些能量来产生机械运动是机构创新的一个发展方向，如图 3-95 所示光电动机的示意图。它实际上是将太阳能电池与电动机有机组合而成的一种原动机。其工作原理是：三个由太阳能电池板组成的太阳能接收器将太阳能转换为电能带动电动机转动，电动机转动又驱动与电动机轴相连的太阳能接收器转动，从而使电动机不停地转动。由于太阳能电池板构成一个三角形，即使光线的方向改变，也不影响电能的正常供应。

图 3-94　温控摆杆机构及其应用

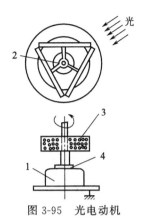

图 3-95　光电动机

1—定子；2—转子轴；3—太阳能电池；4—集电环

图 3-96 所示为利用物态变化设计制成的间隙摆动机构，图中将这种机构巧妙地应用于"饮水鸭"玩具的例子。该机构只要环境湿度不大，便可不停地使小鸭作低头、抬头的"饮水动作"（间歇摆动）。机构运动原理是这样的：在密闭的玻璃管两端各有一个空心玻璃大球（鸭肚）和一个空心玻璃小球（鸭头），大玻璃球容器中装有一定量的醚，由于质量较大，这时鸭头在上，鸭肚在下，小鸭处于直立状态。如果这时用水将鸭头弄湿，由于水分蒸发带走鸭头玻璃容器中的热量，使小玻璃球内的醚蒸气冷凝，小玻璃球内的醚气体压力降低，致使大玻璃球中的醚蒸气将鸭肚内的醚液通过中间玻管压向小玻璃球，使鸭头逐渐变重，小鸭于是开始低头作"饮水"动作。与此同时，由于小鸭身体转至接近水平，致使大、小玻璃球的醚蒸气的通道连通，小玻璃球与大玻璃球中的醚蒸气压力差消失，上升的醚液又回流到大玻璃球中，小鸭又恢复直立。但由于小鸭"饮水"时已将头部弄湿，于是随着小鸭头部水分的蒸发，小鸭又将重新开始"饮水"。机构就这样不停地作间歇摆动。

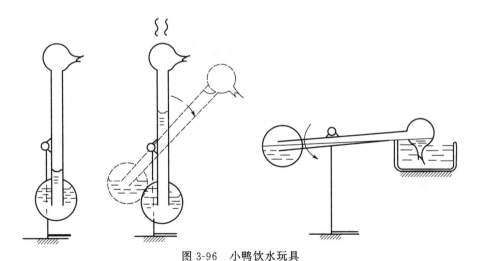

图 3-96　小鸭饮水玩具

图 3-97 所示为船用自动抽排水机构的两个设计方案。两个方案都是利用水力来带动抽水泵工作。如图 3-97（a）所示是利用悬挂在船体上重锤的惯性作用，使重锤杆与船体摆动

时形成的相对运动来带动活塞式抽水泵工作，这和机械式自动手表中利用表中的惯性摆来上发条的工作原理是相同的。图 3-97（b）所示是直接利用浮筒在水面上随波浪波动与船体形成相对运动来驱动抽水泵，这和抽水马桶中利用浮筒来推动截流阀工作的原理是类似的。

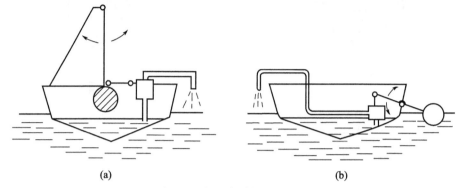

(a)　　　　　　　　　　　　(b)

图 3-97　船用自动抽排水机构

摩擦力、惯性力、重力无处不在，根据力学原理巧妙地利用这些力可以设计一些简便而实用的机构。

如图 3-98 所示的谷粒草秆自动分离机由一个内圈有嵌槽的圆桶构成，当在圆桶中装入谷粒草秆混合物后，转动圆桶，由于谷粒单位质量较大，离心惯性力大而附着在圆桶的嵌槽中随圆桶运动，直到重力大于离心惯性力时才与嵌槽脱离落入圆桶中的承谷槽中。而草秆却不能运动到圆桶的上端，只能保留在桶的下端，从而使谷粒与草秆分离。

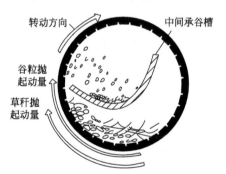

图 3-98　谷粒草秆自动分离机

图 3-99 所示为利用重力设计的自动分流机构。图 3-99（a）可对流体或微粒物进行定量分流。图 3-99（b）则对固体工件进行分流。图 3-99（c）可根据工件的重力进行分流。图 3-99（d）则可根据钢球的直径自动进行分选。在图 3-99（d）所示的分选机构中，钢球是机构的运动构件，又是机构的工作对象，重力是机构的原动力，这些机构结构简单，分选效率高，分选精度好，是具有极高创造性的机构设计例子。

机构创新主要依靠设计者的知识积累、经验和灵感，创造的效率不高。由颜鸿森、R. C. 约翰逊等人提出的"再生运动链法"是运用还原创造原理创新机构的一种高效设计方法。它能有效地避免创新设计的盲目性，也不易因设计具有多解性而遗漏设计方案。正确地使用这种方法可能创造出性能超过已有设计的更好的新机构。

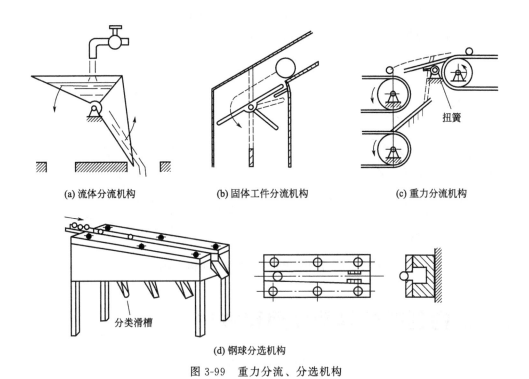

(a) 流体分流机构　　　(b) 固体工件分流机构　　　(c) 重力分流机构

(d) 钢球分选机构

图 3-99　重力分流、分选机构

再生运动链法创造机构的基本思路如下。

① 选择一个能满足设计基本要求又具有开发潜力的已知机构作为创新设计的原始机构。

② 应用"颜氏"创造的特定方法将已知机构中的功能构件和构件组演化为一般化构件，根据设计的约束条件将原始机构抽象为一般化运动链，还原出这一类机构共同的"根"。

③ 从一般化运动链发散，运用数综合方法推衍出众多的再生运动链。

④ 根据众多的再生运动链还原出相应的机构，通过比较寻找功能相同但性能更优的新机构。

其具体步骤是：排开与运动无关的因素，如不计构件的形状、截面尺寸等，去掉机构中的虚约束和局部自由度；用简单的线条表示构件；用规定的符号表示运动副；不考虑构件的长度和运动副的准确位置；释放原动件和机架后就得到机构的原始运动链。之所以称之为原始运动链，是因为它是推衍再生运动链的基础。为了寻找出和已知机构功能相同的所有机构共同的"根"，还需把原始运动链作进一步转化，转化为只含构件和转动副的一般化运动链。然后这种转化必须保证不会改变原有运动链的功能特征，因此必须规定原始运动链转化为一般化运动链的转化原则。

下面以越野摩托车后轮悬挂机构为例，说明运用再生运动链法创新机构的设计过程。

越野摩托车后轮悬挂系统要求有较大的减振行程，已有比较成功的设计常用六杆机构作为后轮的悬挂机构。例如：本田、川崎、五十铃等摩托车的后悬挂系统都采用了六杆机构。为了寻找新型的后轮悬挂系统，可选择其中一种性能良好的后车轮悬挂机构作为原始机构，利用再生运动链法求出具有相同功能的全部再生运动链，从中搜寻新方案。为此，选五十铃摩托车的后轮悬挂机构为原始机构，画出其结构示意图及机构简图，如图 3-100 所示。根据摩托车悬挂机构的结构特点，对悬挂系统中连杆的功能和相互位置关系提出以下约束条件：必须有一固定杆作为机架；必须有吸振器；必须有一个安装后轮的摆动杆；固定杆、吸振器、摆动杆不能是同一构件。

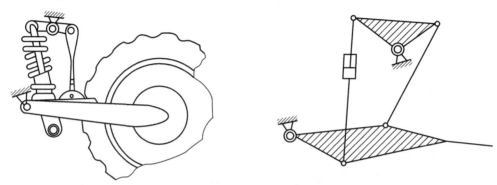

图 3-100　五十铃摩托车后轮悬挂机构及简图

3.5　机构创新的其他原理和方法

下面简单介绍逆反和迂回原理在机构创造中的应用。逆反创造原理要求设计者按与常规相反的思路去想、去做，有意识地从相反的方向来思考和处理问题。例如完全颠倒已有事物的构成顺序、安装方向、排列位置、操纵方法或者旋转方向，或者将其尺寸缩小或放大等。

为了平衡曲柄滑块机构运动产生的惯性力，可以采用如图 3-101(a) 所示的方法以曲柄轴对称再布置一个尺寸完全相同的曲柄滑块机构，使两机构在运动中产生的惯性力相互抵消，实现惯性力的完全平衡。但这样的组合使机构的"体积"增大了一倍。为了减小机构所占空间，将图 3-101 (a) 虚线所示连杆与滑块按相反的方向连在曲柄上。为了进一步减小机构的动负荷，将滑块增多到六个，六个滑块 1、2、3、4、5、6 分别与位置角为 θ、$\theta+120°$、$\theta+240°$、$\theta+120°$、θ 的曲柄相连，如图 3-101(b) 所示。计算六个滑块的惯性力之和可知：机构的一、二、四阶惯性力之和为零，一、二、四阶惯性力已被平衡，仅余六阶以上的高阶残余惯性力存在，同一曲柄同侧连接六个活塞取得了很好的平衡效果。因此，目前工厂生产的内燃机通常采用图 3-101(b) 所示的六缸结构及布置方式。这种结构及布置方式不仅体积小，而且振动噪声也相对较小。

就单万向联轴器而言，当输入与输出轴不共线时，输出角速度与输入角速度不相等。如果在输出轴上再连一个与第一个万向联轴器夹角相同的另外一个万向联轴器，就可以把变得不均匀的输入角速度再变成均匀的。于是设计人员制成了双万向联轴器，如图 3-101(c) 所示。应当注意的是：将两个单万向联轴器串联时，除了保证中间轴与输入、输出轴间夹角 $\alpha_1=\alpha_2$ 外，还应使中间连接轴端的两个叉面位于同一平面内，确保两机构的结构完全相反，否则，双万向联轴器会将输入的匀速转动变得更加不匀速。

蜗轮蜗杆传动中，蜗轮与蜗杆上会产生轴向分力，这是由于蜗杆螺旋面上的切向或法向分力造成的。图 3-101(d)、(e) 采用两个螺旋角相同但旋向相反（即一个为左螺旋，另一个为右螺旋）的蜗杆传动并联或串联，消除蜗轮或蜗杆上的轴向压力。图 3-101(d) 中，主动

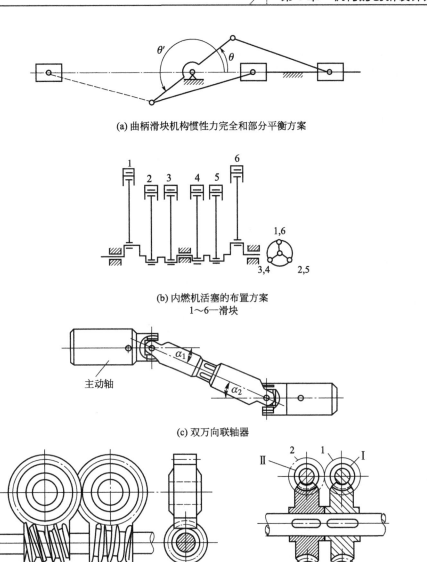

(a) 曲柄滑块机构惯性力完全和部分平衡方案

(b) 内燃机活塞的布置方案
1～6—滑块

(c) 双万向联轴器

(d) 消除蜗杆轴向力的传动机构

(e) 消除蜗轮轴向力的传动机构
1, 2—齿轮

图 3-101　用逆反原理创新机构

轴上两螺旋角相反的螺杆同时驱动两蜗轮转动，两蜗轮相互啮合，其中一个蜗轮轴为运动和动力输出轴。由于两蜗杆螺旋角相反，蜗杆对箱体的轴向分力被消除。在图 3-101(e) 中蜗杆 I 主动，通过齿轮 1、2 使从动蜗杆 II 转动，两个螺旋角相反且反向转动的蜗杆共同驱动从动轴上的两个蜗轮转动，从动轴上两蜗轮产生的轴向分力大小相等、方向相反，使从动轴对箱体的轴向力被消除。

　　创造鼓励人们开动脑筋冥思苦想，但同时也注意遇到棘手的难题时不要钻牛角尖。这时或许试着改变一下观点，或将问题转换为与之等价的其他一些问题，或利用其他信息来发现解决问题的新途径等，这就是所谓的迂回原理。例如，零件上轻微的磨损量很难直接从零件表面上检出，然后通过对该零件润滑油作光谱分析却容易找到答案。

　　精密齿轮传动需要消除齿侧间隙，采用提高制造和安装精度的方法消隙，不仅成本高，而且实施起来十分困难。采用迂回原理，用图 3-102(a) 所示的两个薄片齿轮，用弹簧使两齿轮的轮齿错位，将这种轮齿错位的齿轮与另一齿轮啮合，错位轮齿一个轮齿的两侧齿廓将分别与啮合轮齿的两轮齿的齿廓同时接触，从而保证齿轮传动中实现无侧隙传动。图 3-102(b) 是另一种消隙方案的结构示意图，图中齿轮 1 同时与齿轮 2、3 啮合，齿轮 3 上的键槽和轴上的键与轴呈一定角度制作和安装。当齿轮 2、3 之间用一弹簧 4 顶住时，齿轮 3 将会沿轴向移动并扭转一定角度，直到齿轮 1 与齿轮 2、3 之间的齿侧间隙消除为止。

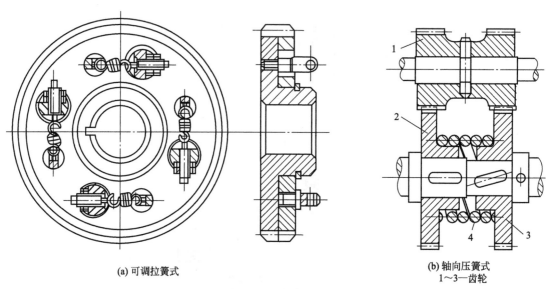

(a) 可调拉簧式

(b) 轴向压簧式
1～3—齿轮

图 3-102　消隙齿轮

周转轮系中普遍存在着大量的过约束，消除这些过约束力是非常必要的，这有利于减轻装配难度，提高机构的传动性能和使用寿命。但单线靠提高制造精度来消除这些过约束力几乎是不可能的。设计人员采用迂回的办法提出"柔性浮动自位"的方法，使构件在受载不均衡时，构件或浮动或变形能自动寻找到受力平衡位置，保证各构件的载荷分配均匀，从而消除或减少机构中的过约束力带来的不利影响。图 3-103(a) 将行星轮用尼龙、塑料等弹性材料支承。图 3-103(b) 中在行星轮内安装中间浮环，中间浮环与行星轮之间有一定间隙，使行星轮浮动。图 3-103(c) 中将内齿太阳轮用弹性销与机架相连使太阳轮浮动。图 3-103(d) 中将行星轮轴做成偏心，用杠杆系统的联锁动作使行星轮在受载不均时自动调整平衡位置。图 3-103(e) 中将两偏心行星轮轴分别固定在一对相啮合的扇形齿轮上，当其中一行星轮受载偏大时，其偏心轴向减载方向转动，带动扇形齿轮转动而使另一行星轮增载，直到两行星轮受载达到均匀。此外，还有将内齿太阳轮做成薄壁齿轮，将中心太阳轮轴做细加长，使构件具有较大的弹性变形能力等方法来消除周转轮系中的过约束。

　　机构创新不是简单的抄袭和模仿。创新可以通过研究他人的成功获得启迪，并在此基础上有所发展，有所前进。创新追求新、奇、巧和非重复性的结果，创新要求敢于怀疑、敢于突破。没有对已有"旧"机构弊端的突破，新机构就不能诞生。

　　机构创新既无法又有法。说无法是因为影响机构创新的因素纷繁复杂，不可能找到一种固定的创造模式。说有法是因为创造原理为我们指出了一条机构创新的途径，它能帮助我们

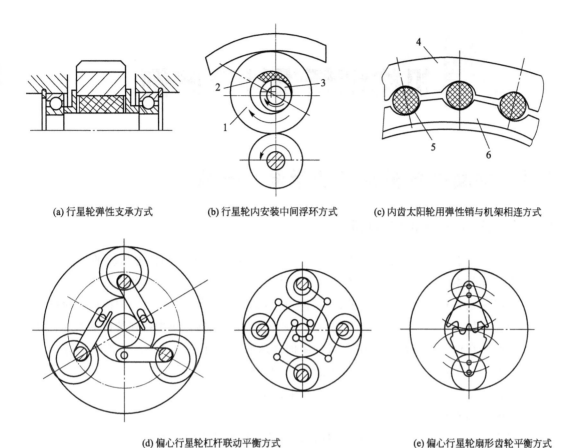

(a) 行星轮弹性支承方式　　　(b) 行星轮内安装中间浮环方式　　　(c) 内齿太阳轮用弹性销与机架相连方式

(d) 偏心行星轮杠杆联动平衡方式　　　　　　(e) 偏心行星轮扇形齿轮平衡方式

图 3-103　周转轮系消除过约束的措施

1—行星轮；2—油楔；3—中间浮环；4—机架；5—尼龙销；6—内齿轮

在创新过程中使思维发散，而在具体应用某一方法时又能使思维收敛，明确创新的目标。运用创造原理应从多角度、全方位的进行试探性的思考，有时甚至需要应用多种原理和方法才能获得成功。

有了创造原理，没有对机构基础知识的丰富储备，机构创新就是无源之水、无根之木，创新只能是说说而已。除了具有必要的知识和创造理论外，机构创新还需要创新的激情和冲动，而这种激情和冲动只能产生于创造的实践活动中和在实践过程中对创新孜孜不倦的渴望与追求。

第**4**章 CHAPTER 4
机构创新设计及图例

4.1 平面连杆机构及创新设计图例

4.1.1 连杆运输机构创新设计图例

运输机构一般负责移动物料。尽管这种移动是单向的，但是却使被运输的物料间歇前行。这类移动的主要特点是大部分移动件上的所有点都沿着相似或相同的轨迹移动。这样是必要的，以便这些移动件可以由一些凸台件等进行细分。凸台件可在物料向前运动时推动它们。运输完成后，运输构件按照与其前行完全不同的轨迹返回，而物料则被留下不动直到下一循环开始。在运输的间歇过程中，当运输构件返回它的起始位置时，按顺序执行一些操作。在任何情况下，选择最适应的特定运输机构均在一定程度上取决于运送物料形式和运动轨迹的安排。通常要有少量的超行程，这样当运输构件上的凸出物在行程阶段将要到达预定位置时就能够卸载物料。

如图 4-1 所示，这是一个简单的连杆机构，该机构能把类似"蛋形"的运动传给运输构件，其进程几乎是沿直线进行的。运输构件通过连杆带动，两个 D 轴一起被驱动，并由机器的机体支撑。两个 E 轴承也由机器的机体支撑，而且导轨 A—A 被固定。

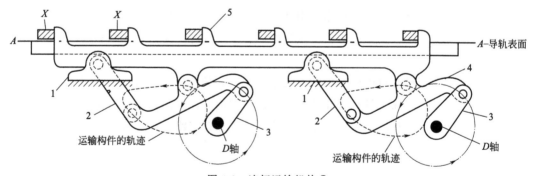

图 4-1 连杆运输机构 I

1—E 轴承；2—摇杆；3—曲柄；4—连杆；5—运输构件；X—被移动的物体

如图 4-2 所示，当上升和下降靠一个摩擦滑块来完成时，进程和回程可由一个适当的机构完成。可以看到，随着运输支撑滑块开始向左边移动，位于摩擦导轨上的摩擦滑块将保持静止状态，结果提升杆开始沿顺时针方向旋转。这个运动使一直处在挡块之上的运输构件升高直到回程开始，这时反向运动开始。可以调整滑块和导轨间的摩擦力。图示这种运动使运输构件产生了一段很长的直线轨迹。

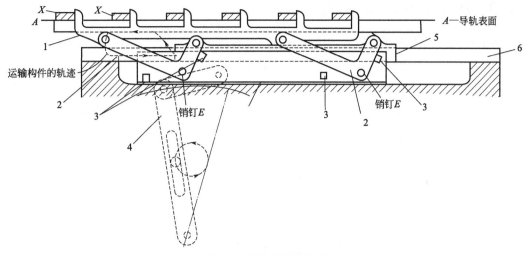

图 4-2 连杆运输机构 II

1—运输构件；2—提升杆；3—挡块；4—驱动臂；5—摩擦滑块 C；6—摩擦导轨；X—被移动的物体

4.1.2 埃文斯连杆机构创新设计图例

如图 4-3 所示，埃文斯连杆机构有一个最大约 40°摆动角的驱动臂。对于相对短的导轨来说，该机构的往复输出行程是很大的。在谐振运动中，输出运动是真正的直线运动。如果不需要精确的直线运动，连杆可以代替导轨。连杆越长，输出运动就越接近直线运动。如果连杆长度与输出运动行程相等，则来自直线运动的偏差仅仅只有输出运动行程的 0.03%。

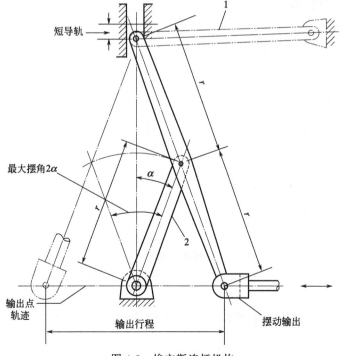

图 4-3 埃文斯连杆机构

1—连杆（代替导轨）；2—摆动驱动臂

4.1.3　纺织单元创新设计图例

"纺织单元"是用连杆机构来解决传统的产生直线运动问题的首选。在自身运动的范围内，$AC \times AF$ 保持不变。因此，C 和 F 所形成的曲线是相反的。如果 C 点形成一个通过 A 点的圆的话，F 将形成半径无穷大的圆弧——垂直于 AB 的直线。必要条件是 $AB = BC$、$AD = AE$，并且 CD、DF、FE 和 EC 相等。通过在 C 的圆形轨迹的外侧选择 A 的位置，这个连杆机构常常可用于产生大半径圆弧，见图 4-4。

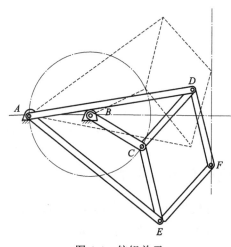

图 4-4　纺织单元

4.1.4　实现加速减速直线行程的连杆创新设计图例（1）

如图 4-5 所示，当驱动杆 1 端部的曲面构件使两个滚子产生分离时，钟形曲柄 2 产生加速运动，同时也使滑块 3 产生加速运动，必须用弹簧使从动构件返回以便构成完整系统。

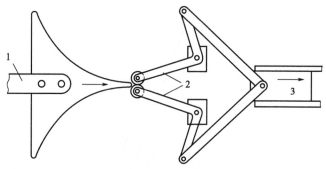

图 4-5　实现加速减速直线行程的连杆创新设计图例（1）
1—驱动杆；2—钟形曲柄；3—从动滑块

4.1.5　实现加速减速直线行程的连杆创新设计图例（2）

如图 4-6 所示，恒速轴 3 卷起厚带 1 或类似的柔韧的部件，增加半径将使滑块 2 加速。这个轴必须靠弹簧或在反方向加上重物使其返回。

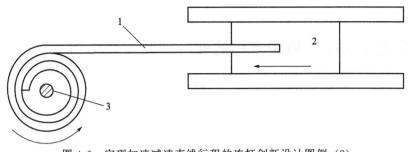

图 4-6　实现加速减速直线行程的连杆创新设计图例（2）

1—厚带；2—滑块；3—轴

4.1.6　实现加速减速直线行程的连杆创新设计图例（3）

如图 4-7 所示，辅助块 1 安装在两个同步偏心轮 2 上，带动滑轮使缆绳 3 在驱动块 5 和从动块 4 之间运动。从动块 4 的运动行程等同于绳索伸出滑轮的长度，是驱动件和辅助块的附加运动。

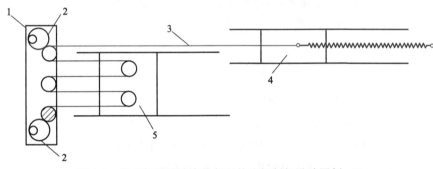

图 4-7　实现加速减速直线行程的连杆创新设计图例（3）

1—辅助块；2—偏心轮；3—缆绳；4—从动滑块；5—驱动滑块

4.1.7　实现加速减速直线行程的连杆创新设计图例（4）

如图 4-8 所示，驱动滑块 1 上的曲面凸缘（弯法兰 3）被夹持在两个滚子之间，这两个滚子通过支架被固定到从动滑块 2 上。根据加速或减速的需要来设计凸缘的曲线。此机构可

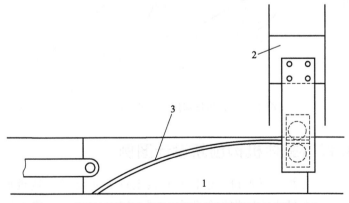

图 4-8　实现加速减速直线行程的连杆创新设计图例（4）

1—驱动滑块；2—从动滑块；3—弯法兰

自己完成回程。

4.1.8　实现加速减速直线行程的连杆创新设计图例（5）

如图 4-9 所示，从动滑块 4 的递增加速度通过三个往复运动的滑轮 3 与缆绳 2 的逐渐啮合来完成。当第三个滑轮完成加速后，从动滑块 4 的移动速度是驱动杆 5 的六倍。

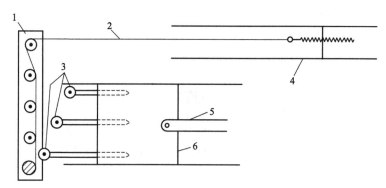

图 4-9　实现加速减速直线行程的连杆创新设计图例（5）

1—固定滑轮组；2—缆绳；3—往复移动滑轮；4—从动滑块；5—驱动杆；6—滑块

4.1.9　光学仪器用正反转 180°工作台创新设计图例

某光学仪器厂为了把棱镜边缘磨制成半圆形，需要设计一套装置，每 20s 正反转 180°。该厂研制的装置如图 4-10(a) 所示。电动机输出的转速经带传动和蜗杆传动减速，传递到蜗轮 z_4 的转速为 3r/min。设计曲柄摇杆机构，其两极限位置如图 4-10(b)、(c) 所示，摇杆机构两极限位置之间的转角为 $\beta_1-\beta_2$。设计齿轮传动，使其齿数为 $z_5/z_6=-180°/(\beta_1-\beta_2)$。

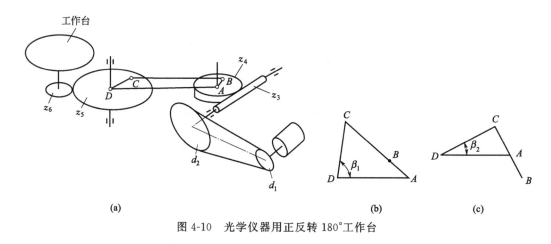

图 4-10　光学仪器用正反转 180°工作台

4.1.10　堆料设备主体机构创新设计图例

双曲柄机构的运动特性见图 4-11，连杆延长线上点 E 的运动轨迹近似是一条直线，这种机构可以用于起重、堆料或传递物件的设备。图 4-11 中，电动机带动圆盘转动，圆盘上的销在摇杆的槽中使其摆动。连杆的端点 E 装有推料头。摇杆在范围 α 内转动时，推料头

在 E'—E 范围内作近似直线运动，从而实现推料工作。

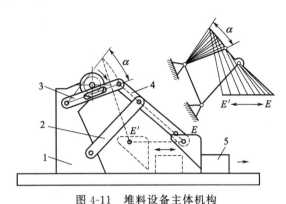

图 4-11 堆料设备主体机构

1—机架；2—从动连架杆；3—摇杆；4—连杆；5—被推动的物件

4.1.11 汽车自动卸料机构创新设计图例

图 4-12 所示是两种汽车自动卸料机构。其中，图 4-12(a) 采用了双摇杆机构，杆 AD 为车架，是静止件；AB 和 CD 是摇杆。当活塞从液压缸向右伸出时，使摇杆摆动，车斗左边抬起，使车斗内物品自动卸下；活塞向左缩回时，摇杆反转，车斗复原。图 4-12(b) 采用了曲柄摇杆机构，BC 为固定件（杆 2），杆 4 为活塞杆，也就是导杆液压缸 3 为摇块，可以绕点 C 转动。当液压缸 3 推动活塞杆 4 向右上方伸出时，杆 1（车斗）绕点 B 转动，使物品自动卸下；活塞 5 向左缩回时，杆 1 反转，车斗复原。

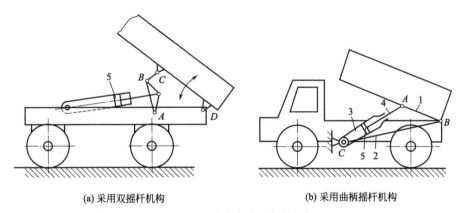

(a) 采用双摇杆机构   (b) 采用曲柄摇杆机构

图 4-12 两种汽车自动卸料机构

1—车斗；2—固定件；3—液压缸；4—活塞杆；5—活塞

4.1.12 摩托车尾部悬挂装置创新设计图例

图 4-13 所示为五十铃摩托车悬挂装置的结构图和机构简图。机构简图如图 4-14(a) 所示。用二级杆组替换图中的减振器，并去除机件，得到只包含刚性连杆和转动副的一般化运动链，如图 4-14(b) 所示。由图 4-14(b) 可知，此运动链为六杆运动链。按图 4-13(a) 所示 A 型运动链和图 4-13(b) 所示 B 型运动链，可以组合出多种机构，设计这些机构的约束

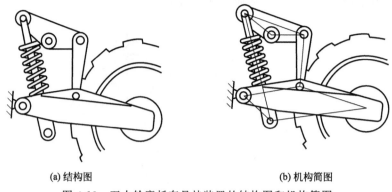

(a) 结构图   (b) 机构简图

图 4-13   五十铃摩托车悬挂装置的结构图和机构简图

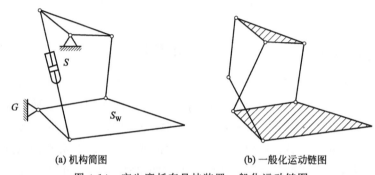

(a) 机构简图   (b) 一般化运动链图

图 4-14   产生摩托车悬挂装置一般化运动链图

条件有：必须有一个减振器 S；必须有一个机架 G；必须有一个用于安装车辆的摆动杆 S_W；减振器 S、机架 G 和摆动杆 S_W 必须是不同的构件；摆动杆 S_W 必须与机架 G 相邻。通过施加以上约束，可以组成 6 种方案，如图 4-15 所示。

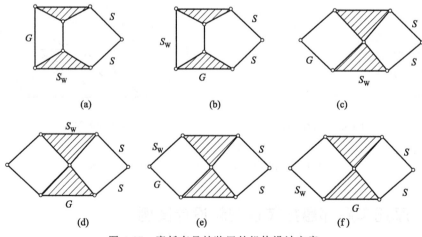

(a)   (b)   (c)

(d)   (e)   (f)

图 4-15   摩托车悬挂装置的机构设计方案

通过以上机构设计方案，可以得到图 4-16 所示的机构简图。这些机构设计方案在不同的摩托车悬挂装置设计中被采用。

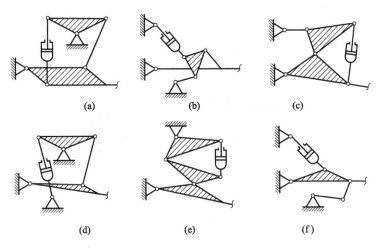

图 4-16　摩托车悬挂装置的机构简图

4.1.13　双肘杆穿孔器创新设计图例

如图 4-17 所示，虽然它的重量（穿孔器的重量）使其产生向下运动的趋势，这个穿孔器的第一个肘杆保持点 P 在一个升高的位置。当驱动曲柄顺时针旋转（由一个往复摆动机构驱动）时，第二个肘杆开始被拉直，从而产生强烈的穿孔力。

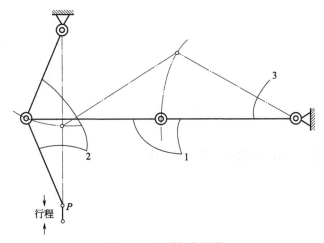

图 4-17　双肘杆穿孔器

1—第一个肘杆；2—第二个肘杆；3—驱动曲柄

4.1.14　打字机驱动机构创新设计图例

如图 4-18 所示，这个驱动机构增大了打字员的手指力量，在圆滚处把轻击转变成有力的重击。与机架相连的有三个支点。这样安排是为了使按键在敲击时可以自动移动。图示机构实际上是一系列连杆机构的两个四连杆机构。许多打字机有这样一系列的四连杆机构。

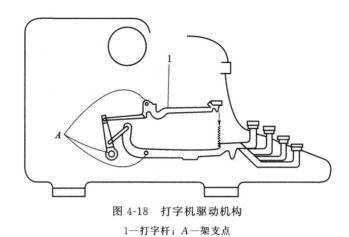

图 4-18   打字机驱动机构

1—打字杆；A—架支点

4.1.15   杆系驱动机构创新设计图例

在这个驱动机构中，一系列连杆机构可以增加它的摆动角度。在如图 4-19 所示的机构中，L 形摇杆是第二个连杆机构的输入，最后的摆角是 180°。

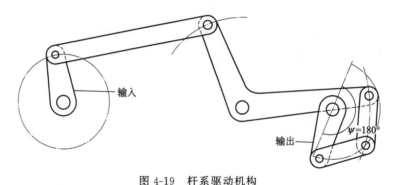

图 4-19   杆系驱动机构

4.1.16   空间曲柄机构的创新设计图例

如图 4-20 所示，在直角状态下摆动获得动力。作圆周运动的输入轴使得输出轴在 120°内摆动。

4.1.17   椭圆滑块驱动创新设计图例

在图 4-21 中，一个球形摆块机构的输出运动角 β 可以借用二维"椭圆滑块机构"。这个机构有一个沿着支点 D 滑动的连杆 g，并且这个连杆 g 被固定到沿着椭圆形轨迹移动的 P 点上。这个椭圆运动可以通过万向联轴器传动装置来产生，这个装置是一个行星齿轮系统，它的行星齿轮的直径等于内齿轮直径的一半。行星齿轮的中心点 M 的轨迹是一个圆；在其圆周上任何点的轨迹都是直线，而在 M 点和其圆周之间的任何点的轨迹是椭圆，例如 P 点。

在三维球形滑块与二维椭圆滑块的尺寸之间有特殊的联系：$\tan\beta/\sin\alpha = a/d$，$\tan\beta/$

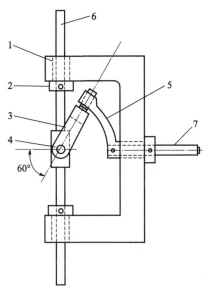

图 4-20　空间曲柄机构

1—滑动轴承；2—轴环；3—U形连杆；4—销；5—曲柄；6—输出轴；7—输入轴

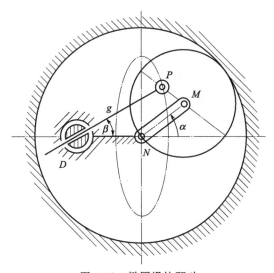

图 4-21　椭圆滑块驱动

$\cot\alpha = b/d$。式中，a 为椭圆的长半轴；b 为短半轴；d 为固定连杆 DN 的长度。短半轴就处于固定连杆 DN 的水平位置上。

如果点 D 在椭圆内移动，相对于旋转的球形曲柄滑块，可以获得一个完整的旋转输出。

4.1.18　石头破碎机创新设计图例

如图 4-22 所示，石头破碎机有成系列的两个肘杆可获得高的机械增益。当垂直的连杆 I 到达它行程的顶点时，它和驱动曲柄 II 开始进入肘节位置；与此同时，连杆 III 与连杆 IV 开始进入肘节位置。这些累加的结果产生一个很大的挤压力。

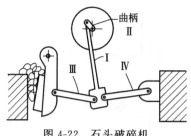

图 4-22　石头破碎机

4.1.19　铆钉机器创新设计图例

如图 4-23 所示，铆钉机器被设计成给每颗铆钉两次连续击打。跟随第一次击打（点 2），铁锤向上移动一段短的距离（相对点 3 来说）。继第二次击打（在点 4）之后，铁锤向上移动较长的距离（在点 1），以便为移动工件提供时间。两次打击靠曲柄旋转一周来完成，并且在每次行程的最低点（点 2 和 4），连杆都形成肘节。

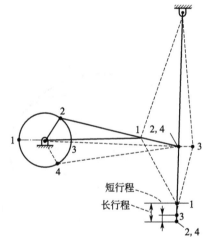

图 4-23　铆钉机器

4.1.20　铆接机创新设计图例

如图 4-24 所示，带有往复移动活塞的铆接机用图示的连杆机构产生一个高的机械增益。采用恒力驱动活塞，当连杆 I 和连杆 II 形成肘节时，铆接头上的力达到最大值。

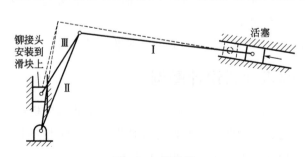

图 4-24　铆接机

4.2　凸轮机构及创新设计图例

4.2.1　凸轮机构从动件创新设计图例

匀速转动被转变为可变的往复运动，如图 4-25(a) 所示。一个简单叉形从动件的摆动或振动，如图 4-25(b) 所示。或者刚性更好的从动件，如图 4-25(c) 所示，它能为蒸汽机提供阀门移动机构。振动性运动凸轮必须被设计成当通过它们的驱动轴中心测量时，任何一处对边的距离都相等。

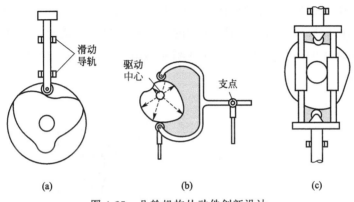

图 4-25　凸轮机构从动件创新设计

4.2.2　自动进给凸轮机构创新设计图例

图 4-26 所示为应用于自动化机器的一个自动进给机构。它有两个凸轮：一个作圆周运动；另一个作往复运动。这个组合机构消除了不规则进给和在棒料进给时由于缺乏主动控制而引起的任何麻烦。

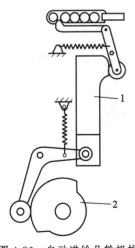

图 4-26　自动进给凸轮机构

1—往复摆动凸轮；2—圆形凸轮

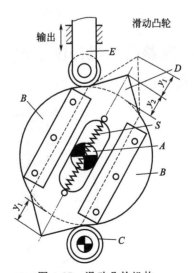

图 4-27　滑动凸轮机构

4.2.3　滑动凸轮机构创新设计图例

图 4-27 所示为滑动凸轮机构，这种机构用在线材成形机上。凸轮 D 有个带尖的形状是因为有特殊的卷线运动要求。机器在低速下运转，但这个原理同样可以应用于高速凸轮。

原先所希望的行程是（y_1+y_2），但是这样将会产生一个大的压力角。所以在凸轮的一侧行程减小到 y_2，另一侧增加到 y_1。圆盘 B 被安装到凸轮轴 A 上。凸轮 D 的两个终点连成一个矩形，从动轮 E 的上升运动由凸轮滚过固定轮 C 完成。

4.2.4　双面凸轮机构创新设计图例

图 4-28 所示为双面凸轮，这种机构使行程加倍，从而使压力角减小到原来大小的一半。滚子 R_1 固定，当凸轮旋转时依靠与 R_1 接触的下表面使自身被托起，同时其上表面使可移动的滚子 R_2 产生向上的运动。滚子 R_2 线性驱动输出运动，于是输出行程近似等于凸轮上下表面升高之和。

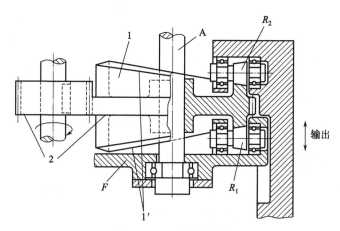

图 4-28　双面凸轮机构

1—凸轮；$1'$—凸轮表面；2—输入齿轮

4.2.5　不完整凸轮机构创新设计图例

图 4-29 所示为不完整凸轮，其可在 72° 内实现快速升降。对凸轮轮廓的初始要求是 D，

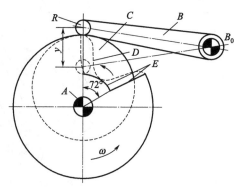

图 4-29　不完整凸轮机构

但是 D 会产生严重的压力角。可通过增加凸轮 C 来解决这种情况。这个凸轮也绕凸轮中心 A 旋转，但是速度是凸轮 D 的五倍（未画出的齿轮比 $5：1$）。然后，在 $72°$ 范围内初始的凸轮被完全去除（见 E 表面）。所需超过 $360°$（因为 $72°×5＝360°$）的运动通过对凸轮 C 的设计来完成。这样可以使相同的压力角在上升 $360°$ 而不是 $72°$ 时发生。

4.2.6 槽凸轮机构创新设计图例

图 4-30 所示为一个槽凸轮将一个凸轮轴的摆动转变为一根杆的可变直线运动。改变槽的形状可改变杆运动以满足具体的设计要求，例如直线和对数运动。

4.2.7 运动转化凸轮机构创新设计图例

如图 4-31 所示，将一根轴的连续的旋转运动转变为一个滑块的往复运动。该设备被应用在缝纫机和印刷机上。

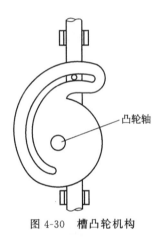

凸轮轴

图 4-30 槽凸轮机构

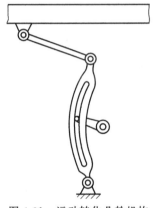

图 4-31 运动转化凸轮机构

4.2.8 旋转斜盘凸轮机构创新设计图例

如图 4-32 所示，旋转斜盘凸轮只可应用于轻负荷装置（如泵）中。凸轮的偏心产生了引起过度负载的力。多个从动件可以安在一个圆盘上，因此为多活塞泵提供了平稳的抽吸作用。

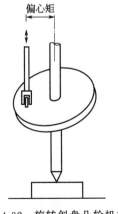

偏心矩

图 4-32 旋转斜盘凸轮机构

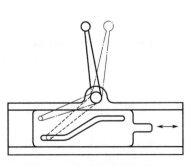

图 4-33 变速滑动凸轮机构

4.2.9   变速滑动凸轮机构创新设计图例

如图 4-33 所示，被遥控的这个滑动凸轮能在大多数机器上不易接近的一个位置上变速。

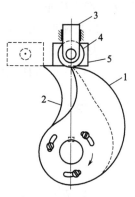

4.2.10   歇停凸轮机构创新设计图例

如图 4-34 所示，当使用两个整体的凸轮和从动件时，从动件可以获得瞬间的下降。从动滚子与凸轮 1 接触。继续的旋转将使接触转移到平面的从动件，这个从动件将脱离凸轮 2 的边缘突然下降。在歇停后，从动件通过凸轮 1 被恢复到它的初始位置。

图 4-34   歇停凸轮机构
1，2—凸轮；3—从动件；
4—滚子；5—平面

4.2.11   凸耳凸轮机构创新设计图例

带有凸耳 A 的主凸轮通过销钉与旋转轴相连，从而获得歇停的调整。凸耳 A 推动柱塞向上到达图示的位置，并且使锁紧销钩住固定的挡块，于是，柱塞保持在这个向上的位置上不动，靠凸耳 B 柱塞放开。凸轮盘上的圆形槽允许凸耳 B 移动，因此，柱塞保持在锁紧位置的时间可以改变，如图 4-35 所示。

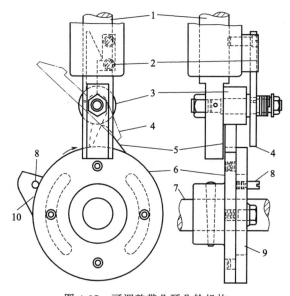

图 4-35   可调整带凸耳凸轮机构
1—受驱动的柱塞；2—固定的挡块；3—滚子；4—锁紧销；5—主凸轮上的凸耳 A；
6—主凸轮与轴；7—转动轴；8—打开销；9—副凸轮；10—凸耳 B

4.2.12   增程凸轮机构创新设计图例

如图 4-36(a) 所示，空间圆柱凸轮机构一改从动杆规律由凸轮一条廓线确定的常规，在圆柱凸轮两端制出两个轮廓曲面，圆柱凸轮用圆柱副与机架相连，圆柱凸轮的下端面的轮廓曲面与固定在机架上的滚子接触，上端面的轮廓曲面推动滚子从动杆。这样，在凸轮转动的同时，凸轮将按下端面的曲面廓线作上、下往复运动，于是从动杆的移动量将是凸轮上端曲面引起的移动量与凸轮移动量的和。图 4-36(b) 是另一种增程凸轮机构。盘形凸轮上有两条廓线，滚子 2 沿 2′廓线运动，滚子 3 沿 3′廓线运动，滚子 3 固定在机架上。凸轮转动时，从动杆 1 的位移量将是 2′廓线引起的位移与 3′廓线引起的凸轮位移之和。这种创意设计可以在不增大凸轮机构压力角和体积的前提下，增大从动杆的行程。

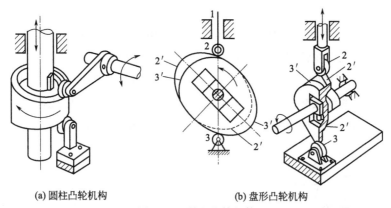

(a) 圆柱凸轮机构   (b) 盘形凸轮机构

图 4-36　增程凸轮机构

1—从动杆；2,3—滚子；2′,3′—廓线

4.2.13　往复凸轮分度机构创新设计图例

图 4-37 所示为一个往复凸轮分度机构。将移动副 B 的尺寸扩大，将转动副 A 和三角形凸轮及其与滑块接触的高副 C 均包括在其中。图 4-37(a) 为锁紧位置，该机构工作时，滑块左右移动，推动三角形凸轮间歇转动，每次转过 60°。图 4-37(b) 所示为滑块左移，推动凸轮顺时针转动。加大滑块尺寸，改善了机构的受力状态和动力效果。

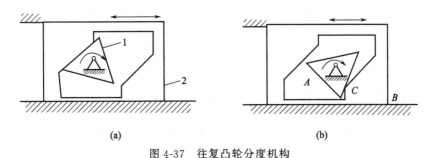

(a)   (b)

图 4-37　往复凸轮分度机构

4.3　齿轮机构及创新设计图例

4.3.1　内摆线机构创新设计图例

图 4-38 所示为内摆线传动机构，这些内摆线传动机构中不包括连杆机构和导轨，相对于行程长度来说，它的尺寸很小。分度圆直径为 D 的太阳齿轮 1 是固定的。转动 T 形臂 2

的驱动轴 6 与这个太阳齿轮是同心的。分度圆直径为 $D/2$ 的行星轮 3 和惰轮 4 可以绕 T 形延伸臂 2 上的支点自由转动。虽然惰轮确实有重要的机械作用，但它的分度圆直径没有几何意义。它使行星轮 3 反向转动，这样仅仅通过普通的齿轮驱动，就产生了真正的内摆线运动。这样一个机构与作用等同、包含内齿轮的机构相比，仅占用一半的空间。中心距 R 是 $D/2$ 和 $D/4$ 之和。从动连杆 5 上的 A 点和 B 点在 $4R$ 的行程中产生直线运动轨迹，而从动连杆 5 被固定在行星轮 3 上。当 AB 之间的连线包络一个星形线时，点 A 和点 B 之间的所有点形成椭圆轨迹。

如图 4-38 所示中机构的微小改进将产生另一种有用的运动，如图 4-39 所示。如果行星轮和太阳轮有相同的直径，在整周的循环中，臂将相对于自身保持平行。手臂上的点将因此形成半径为 R 的轨迹圆。同样的，惰轮的位置和直径的几何意义将不再重要。例如，这种机构可以被用来对均匀移动的纸板交叉打孔。R 值通过计算获得，以便 $2\pi R$ 或针尖所形成轨迹的周长等于相邻两孔间的距离。如果调整中心距 R，相邻两孔间的距离将根据需要进行改变。

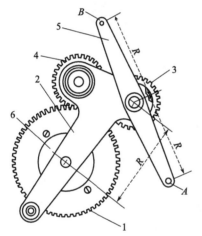 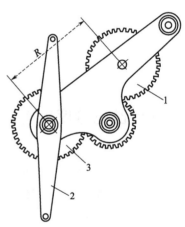

图 4-38   内摆线传动机构

1—太阳齿轮；2—T 形臂；3—行星轮；

4—惰轮；5—从动连杆；6—驱动轴

图 4-39   内摆线传动机构改进机构

1—中心齿轮；2—臂；3—行星轮

4.3.2   齿轮行程放大创新设计图例

图 4-40 所示机构实际上是由一组齿轮组合而成的四连杆机构。四连杆通常获得大约

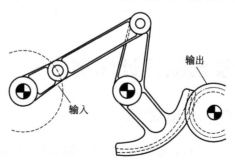

图 4-40   齿轮行程放大创新机构

$120°$的最大摆动范围。扇形齿轮将与齿轮的半径成反比地放大摆动范围。对于图示的比例，摆动范围将增加 2.5 倍。

4.3.3　控制泵行程的摆线齿轮机构创新设计图例

如图 4-41 所示，一个可调的内啮合齿轮 4 与一个直径是其一半的行星齿轮 1 相啮合，能使泵的行程做无限的变换。内啮合齿轮 4 可通过与其相啮合的齿轮进行调节。

气体或液体计量泵有一个与一个特殊尺寸大小的行星轮 1 相啮合的可调的内啮合齿轮 4，该内啮合齿轮 4 能够使泵的行程做无限的变化。当用一个伺服电动机驱动时，行程能手工或自动地设置。当泵处于停止或运动状态时，流量能控制在 $180\sim1200\mathrm{L/h}$。

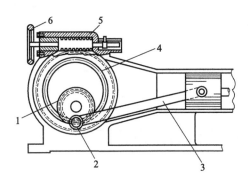

图 4-41　控制泵行程的摆线齿轮机构

1—行星轮；2—销；3—连杆；4—内啮合齿轮；5—蜗轮；6—调节柄

该机构使用了一个行星齿轮 1，其直径是内啮合齿轮 4 的一半。当行星齿轮 1 在内啮合齿轮 4 内部转动时行星轮 1 上处于节圆上的一点的运动轨迹将是一条直线（而不是内摆线），此直线的长度等于行星轮直径。连杆 3 的左端就用一个销 2 连接在行星轮 1 该点上。

如图 4-42 所示是另一种特殊样式，它用一个拨叉代替了连杆。这样可以使行程变为零。泵的长度也能极大地减小。

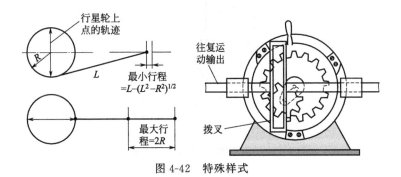

图 4-42　特殊样式

4.3.4　万向齿轮传动机构创新设计图例（1）

如图 4-43 所示，万向齿轮传动机构是基于如下原理工作的：通常来说，一个圆在另一个圆内进行滚动，其圆周上的任意一点将形成一个内摆线轨迹。当这两个圆的直径比率为 $1:2$ 时，这个轨迹退化为直线（沿大圆的直径）。输入轴 2 转动驱动小齿轮 3 沿固定的大齿轮 1 的内齿转动。安装在小齿轮 3 节圆上的销钉形成一直线轨迹。它的线位移在理论上与输入轴 2 转动角 α 的正弦或余弦成比例。

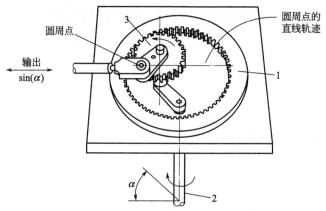

图 4-43　万向齿轮传动机构创新设计（1）

1—固定齿轮；2—输入轴；3—小齿轮

4.3.5　万向齿轮传动机构创新设计图例（2）

如图 4-44 所示，万向齿轮传动与苏格兰叉的组合机构提供了一个可调整行程。外部齿轮（输出齿轮 1）的角坐标是可调整的。调整的行程等于大直径在苏格兰叉 2 中心线上的投影，驱动销钉沿着这个大直径移动。这个叉所进行的是简谐运动。

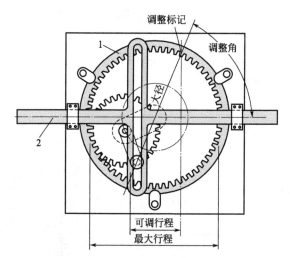

图 4-44　万向齿轮传动机构创新设计（2）

1—输出齿轮；2—苏格兰叉

4.3.6　万向齿轮传动机构创新设计图例（3）

如图 4-45 所示，简化万向机构中不需要使用价格相对较贵的内齿轮。在这里只用了直齿圆柱齿轮。当然这些齿轮必须满足一些基本要求，即 1∶2 的传动比和适当的旋转方向，适当的旋转方向是通过引入一个适当尺寸的惰轮来得到的。这种机构为与之相匹配的齿轮传递一个大的行程。

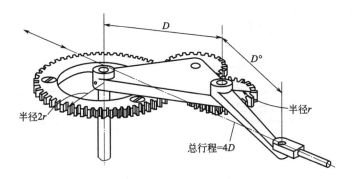

图 4-45　万向齿轮传动机构创新设计（3）

4.3.7　齿轮齿条倍增机构创新设计图例

图 4-46 所示为齿轮齿条倍增机构，主要由可动齿条 1、固定齿条 2、齿轮 3、活塞杆 4、气缸 5 等组成。当活塞杆 4 向左方向移动时，迫使齿轮 3 在固定齿条 2 上滚动，并使与它相啮合的可动齿条 1 向左移动。齿轮 3 移动距离为 S 时，活动齿条 1 的运动量为 $2S$。由于活动齿条 1 的移动距离和移动速度均为齿轮（活塞杆）移动距离和速度的某一倍数，所以这种机构被称为增倍机构，常用于机械手或自动线上。

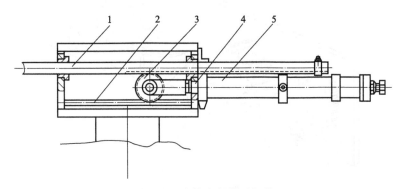

图 4-46　齿轮齿条倍增机构

1—可动齿条；2—固定齿条；3—齿轮；4—活塞杆；5—气缸

4.3.8　悬臂支撑机构创新设计图例

图 4-47(a) 所示为悬臂支撑机构，由锥齿轮 1、机壳 2、轴套 3、圆锥滚子轴承 4 组成，动力由圆锥齿轮轴 1 传入，圆锥滚子轴承 4 用轴套 3 装入机壳 2 内，以便于调整。两个轴承采用背靠背布置，这样可以增大轴承支撑力作用点间的距离，增加锥齿轮 1 轴的刚度。

如图 4-47(b) 所示，采用斜齿轮及曲齿锥齿轮的悬臂式支承机构。斜齿轮和曲齿锥齿轮在正反转时，会产生两个方向的轴向力，因此，机构中设有两个方向的轴向锁紧。

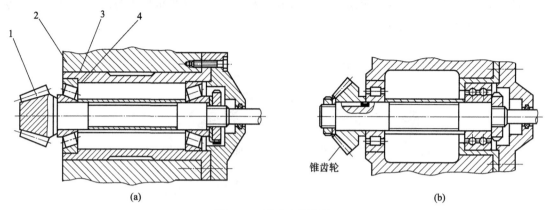

图 4-47   悬臂支撑机构

1—锥齿轮；2—机壳；3—轴套；4—圆锥滚子轴承

4.3.9   倾斜槽中运送齿轮机构创新设计图例

倾斜槽中运送齿轮机构如图 4-48 所示。

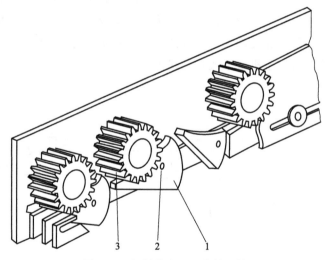

图 4-48   倾斜槽中运送齿轮机构

1—凸轮；2—轴；3—宽齿轮

图 4-48 所示机构为倾斜槽中运送齿轮机构。宽齿轮 3 在料槽中运送时，互相不接触，该槽带有不平衡凸轮 1，它能绕轴 2 转动。当在凸轮 1 上有齿轮时，凸轮的位置会阻止下一个齿轮的移动。

4.3.10   具有安全机构的攻螺纹装置创新设计图例

在自动攻丝机床上，主轴（丝锥）的前进、后退是利用行程开关进行控制的，这种控制开关在其动作正常时是很好用的。但是，一旦开关失灵，就可能发生故障。

图 4-49 所示是对以往的控制机构略作修改的设计，作为控制开关发生故障时的安全措

施。所使用的安全措施是采用了一对驱动齿轮和从动齿轮，驱动齿轮在轴向上是固定的，而从动齿轮则可在回转的同时沿轴向滑动。攻螺纹过程中，驱动齿轮带动从动齿轮而使主轴回转，同时，在进给螺纹的作用下，主轴还做轴向移动。若在主轴移动行程的两端留出使从动齿轮与驱动齿轮脱开啮合的空挡 A、B，则即使在加工过程中行程开关发生故障而主轴继续移动时，可在空挡 A、B 处使两个齿轮脱开啮合，而使主轴停止回转，确保机构安全。

在使用时注意：因为攻丝深度各不相同，所以，空挡 A、B 的长度也不尽相同，因此，应事先准备几种驱动齿轮，其宽度相差 5mm，这样便于调节应用。

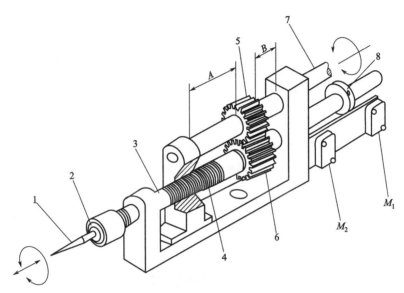

图 4-49　具有安全机构的攻螺纹装置

1—丝锥；2—弹簧夹头；3—主轴；4—进给螺纹；5—驱动齿轮；

6—从动齿轮；7—驱动轴；8—挡块；M_1，M_2—行程开关

4.3.11　齿轮齿条驱动机构创新设计图例

如图 4-50 所示，驱动机构可以使输入曲柄的旋转运动转换成更大的输出旋转运动（$30°\sim360°$）。曲柄 1 驱动齿条 2，齿条 2 推动输出齿轮 3 转动。

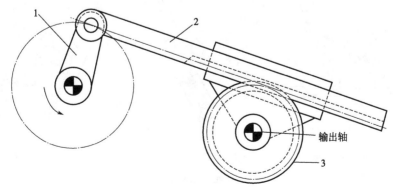

图 4-50　齿轮齿条驱动机构

1—曲柄；2—齿条；3—输出齿轮

4.3.12　调速器非圆齿轮机构创新设计图例

纯机械的调速器,一类是直接调节原动机来实现调速的目的,还有另一类机械式调速器,是通过调节执行机构的运动输入来设计速度输出的。如图 4-51 所示调速器非圆齿轮驱动系统,马达 1 与马达轴 3 相连,输出动力,在马达轴 3 上装有椭圆齿轮 2,为主动轮,从动轮 5 也是椭圆齿轮,装在凸轮轴 4 上,椭圆齿轮 2 和 5 啮合,调节输出速度。

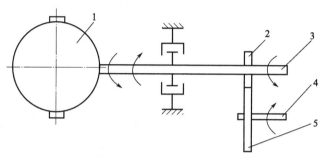

图 4-51　调速器非圆齿轮驱动系统
1—马达；2,5—椭圆齿轮；3—马达轴；4—凸轮轴

如果没有加设一对非圆齿轮,马达提供给凸轮轴的是一个理论上恒定的速度,加了非圆齿轮后,通过非圆齿轮节线的设计,为凸轮轴传递一个可变的速度输入函数,从而产生所要求的速度输出函数。

4.3.13　齿轮齿条式上下料机构创新设计图例

图 4-52 所示为齿轮齿条式上下料机构,机构由料仓 1、上料器 2 及下料器 3 组成。在上料器和下料器上装有齿条,用齿轮 4 驱动。齿轮 4 又用拉杆 5 与圆柱形凸轮相连,控制上料器及下料器如图所示程序工作。下料时,下料器向后退,推杆 6 被顶住,取料器 7 翻转,夹口 8 被送料槽 9 挡住而放开,把加工好的工件放入斜槽。

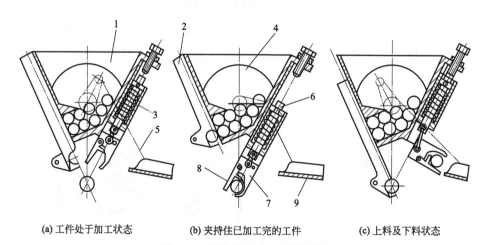

(a) 工件处于加工状态　　　(b) 夹持住已加工完的工件　　　(c) 上料及下料状态

图 4-52　齿轮齿条式上下料机构
1—料仓；2—上料器；3—下料器；4—齿轮；5—拉杆；6—推杆；7—取料器；8—夹口；9—送料槽

4.4　轮系及创新设计图例

4.4.1　实现运动转换的齿轮系统创新设计图例

一个紧凑的齿轮系统能够将旋转运动变为直线运动，该系统是加利福尼亚喷气动力实验室设计的。它有一个行星齿轮系统以便与行星齿轮相连的杆的一端总在作直线路径的运动，如图 4-53 所示。

该齿轮系统由固定在底板上的电动机 4 驱动。与电机轴相连的齿轮 1 和机壳 5 使齿轮 3 沿固定不动的齿轮 2 转动。连杆 6 杆长与齿轮 2 和齿轮 3 的中心距相等。齿轮 3 的中点、机壳 5 的中心和杆 6 的端点之间的连线形成一个等腰三角形，且三角形的底边始终在通过旋转中心的平面上。所以，与齿轮 3 相连的杆所输出的运动是直线运动。

当到达运动的终点时，有一个开关 7 会使电动机 4 反转，使杆复位。

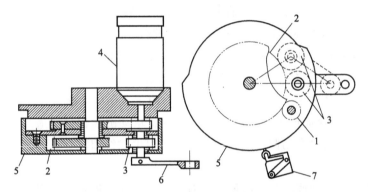

图 4-53　实现运动转换的齿轮系统

1—齿轮 A；2—齿轮 B；3—齿轮 C；4—电动机；5—机壳；6—连杆；7—微动开关

4.4.2　齿轮和摩擦圆盘组成的快速反转传动装置创新设计图例

齿轮和摩擦圆盘组成的快速反转传动装置是使高速回转轴在短时间内能反转的装置。使用齿轮和摩擦圆盘组合，不需要为吸收急速改变回转方向时产生的冲击而设的离合器，即使是轴在满载的条件下也能反转。

这种齿轮和摩擦圆盘装置，调整简单，制造成本也低，短时期使用不会发生故障，特别可以用在导弹的制导上。控制系统必须灵敏迅速地反映由计算机传来的误差信号，另外在高转矩控制操作的场合也同样需要灵敏度和速度，这种新装置在工业上也将广泛应用。

基本配置是在高速驱动装置上附加反转传动装置即可。输入轴将两个经淬火而耐疲劳的钢制圆盘，互相反向回转。左右移动从动圆盘，则使从动轴改变回转方向。

如图 4-54 所示，在实际装置上，用电动机回转两对互相反转的圆盘。在 1～4 圆盘上有沟槽，并能和输出轮 5 充分分开。当输出轮 5 和反时针回转的一对圆盘（1 和 3）接触时，输出轮 5 和顺时针回转的一对圆盘（2 和 4）之间有几千分之一时的间隙。

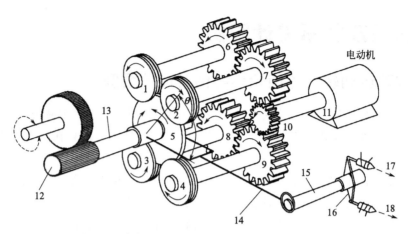

图 4-54 齿轮和摩擦圆盘组成的快速反转传动装置

1～4—圆盘；5—输出轮；6～10,12—齿轮；11—电动机；13,15—轴；14,16—连杆；17,18—电磁线圈

在电磁线圈 17 和 18 的作用下，轴 15 稍一转动，偏心支点就使连杆 14 和输出轮 5 沿直线方向移动。电磁线圈 17 起作用时，输出轮 5 与圆盘 2 和 4 接触；如果电磁线圈 18 起作用，输出轮 5 就与圆盘 1 和 3 接触。两个电磁线圈不工作时，输出轮 5 处于中立位置，它和哪个圆盘也不接触，就不传递动力。因为输出转矩给予齿轮 12 和轴 13 的是侧向力，所以随着输出转矩的增加，从动轮（图中的 2 和 4）增加的压力比从动圆盘增加的压力大。这个效果随齿轮 12 的直径变小而增大。θ 角在 60°时，主、从动圆盘保持最适当的接触力，θ 角变小接触压力增加，但两对主动圆盘的间距变大，所以电磁线圈需要更多的移动量，反转时间也有所增加。

电磁线圈的特性：摩擦圆盘一经配置，对于急速启动、停止，特别是对反转特性，通过电磁线圈必须加的力可以小些。但是为获得最适当的移动距离，对电磁线圈必须改进设计。市场出售的标准电磁线圈要进行改进，即对柱塞进行钻孔或开槽，以减少惯性和涡流。选用长绕组的电磁线圈，可减少自感。使用晶体管和电容器，在启动电流增加时线圈不易过热。

4.4.3 齿条串联大行程机构创新设计图例

用两个齿轮齿条机构串联，若驱动其中一根齿条，另一根齿条可以放大或缩小主动齿条的位移量。根据这一设想可以设计一个如图 4-55(a) 所示的放大行程的串联式组合机构。设图中双联齿轮的节圆半径分别为 r_1' 和 r_2'。当气缸推动齿条 1 向右移动位移量为 S_1 时，齿条 2 向左的位移量 $S_2 = \dfrac{r_2'}{r_1'} S_1$。

对该组合机构进行运动分析可以发现：当图 4-55(a) 中齿条向右移动 S_1 的同时，如果我们给整个组合机构加上一个向左的位移量 S_1，则齿条 1 将不动，双联齿轮将向左移动 S_1，而齿条 2 会向左移动 $S_1 + \dfrac{r_2'}{r_1} S_1$，同样的位移量使齿条 2 的行程进一步增大。因此，将图 4-55(a) 改成图 4-55(b) 的形式，即将气缸与双联齿轮的回转中心连接，该组合机构增大行程的功能将得到进一步的增强。

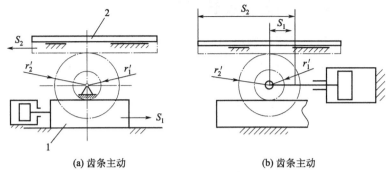

(a) 齿条主动　　　　　　**(b) 齿条主动**

图 4-55　齿条串联大行程机构

1,2—齿条；r'_1,r'_2—双联齿轮的节圆半径；S_1,S_2—位移量

4.4.4　利用齿轮自转和公转运动构成的机械手创新设计图例

图 4-56 所示为利用齿轮的自转和公转运动构成的机械手。在 L 形的转臂上有一个能转动的锥齿轮 A，在机体上有一个固定锥齿轮 B，两个齿轮相互啮合。将一个小齿轮固定在 L 形转臂上，而使其能绕固定锥齿轮 B 的轴线旋转，利用气缸通过齿条使小齿轮转动，则锥齿轮 A 将以锥齿轮 B 为中心，既做自转又做公转运动。当锥齿轮 A、B 的齿数比为 1∶1 时，自转角与公转角相等。

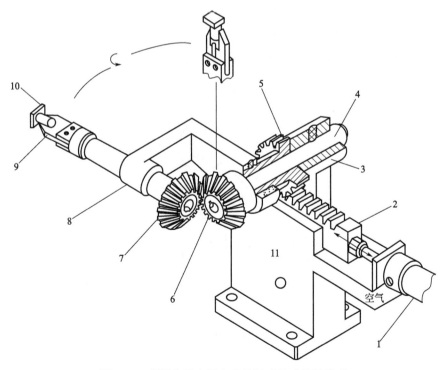

图 4-56　利用齿轮自转和公转运动构成的机械手

1—气缸；2—齿条；3—固定轴的支承；4—固定轴；5—小齿轮；6—锥齿轮（B）；
7—锥齿轮（A）；8—L 形转臂；9—手爪；10—被送的零件；11—机体

4.4.5　印刷机输纸机构创新设计图例

图 4-57 所示为在滚筒式平板印刷机的自动输纸机构中采用的非圆齿轮机构。椭圆齿轮副 4 将动力传递给带传动机构 3，再通过齿轮副 2 传递给输纸滚筒 1。

该输纸机构用椭圆齿轮进行调节纸张送入速度，可使纸张送到印筒的前面时，送进速度最小，以便对纸张的位置进行校准、对位和避免将纸张压皱。而当纸张送进滚筒后，纸张的送进速度则近似等于印刷滚筒的圆周速度。

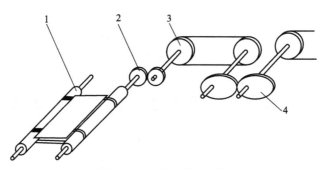

图 4-57　印刷机输纸机构

1—输纸滚筒；2—齿轮副；3—带传动机构；4—椭圆齿轮副

4.4.6　机床转位机构创新设计图例

图 4-58 所示为自动机床上的转位机构。椭圆齿轮副由齿轮 1 和齿轮 2 组成，利用椭圆齿轮机构的从动轮 2 带动转位槽轮机构，使槽轮 4 在拨杆 3 速度较高的时候运动，以缩短运动时间，增加停歇时间。亦即缩短机床加工的辅助时间，从而增加机床的工作时间。

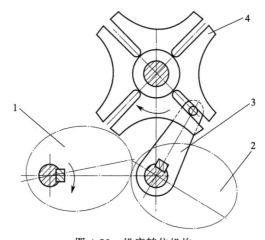

图 4-58　机床转位机构

1,2—齿轮；3—拨杆；4—槽轮

4.4.7　导弹控制离合器创新设计图例

图 4-59 所示为导弹控制离合器。在驱动电动机不断转动过程中，用电磁线圈控制的离

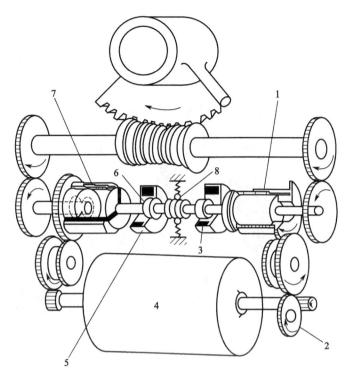

图 4-59 导弹控制离合器

1—反时针回转弹簧离合器；2—中间齿轮；3—反时针回转电线线圈；4—电动机；

5—顺时针回转电线线圈；6—电枢；7—顺时针回转弹簧离合器；8—止动球

合器接收信号，使其能急速改变回转方向。另外，离合器与双向电动机输出端连接。一侧齿轮系的中间齿轮，使离合器反方向回转。因为圆筒形电枢和弹簧离合器是机械连接，所以在一段时间内，只有一侧离合器工作。当两侧离合器都切离时，在弹簧的作用下将止动球压入圆筒中，不反转的蜗轮蜗杆装置被锁定。这个装置从发出指令信号到电动机达到最大转矩时的反应时间为 0.008s。

4.4.8 平行移动机构创新设计图例

图 4-60 所示为平行移动机构。齿轮 A、B 的中心连线、平行移动体及连杆 A、B 这四个构件组成一个平行四边形，则平行移动体将作平行移动。

4.4.9 制灯泡机多工位间歇转位机构创新设计图例

图 4-61 所示为制灯泡机多工位间歇转位机构。电动机 1 经减速装置 2、一对椭圆齿轮 3 及锥齿轮 4 将运动传到曲柄盘 6。曲柄盘 6 上装有圆销 7，当圆销 7 沿其圆周的切线方向进入槽轮 5 的槽内时，迫使从动槽轮 5 反向转动，直到槽轮转过角度 2α 圆销才从槽轮 5 的槽内退出，槽轮 5 和与其相连的转台 8 才处于静止状态。直到圆销 7 继续转过角度 $2\varphi_0$ 后，圆销 7 又进入槽轮 5 的下一个槽内，开始下一个动作循环。转台静止时间为置于转台 8 上的灯泡 9 进行抽气（抽真空）和其他加工工序的时间。

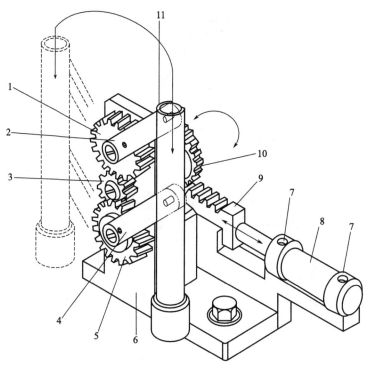

图 4-60　平行移动机构

1—齿轮 A；2—连杆 A；3—中间齿轮；4—连杆 B；5—齿轮 B；6—机体；

7—空气；8—气缸；9—齿条；10—驱动齿轮；11—平行移动体

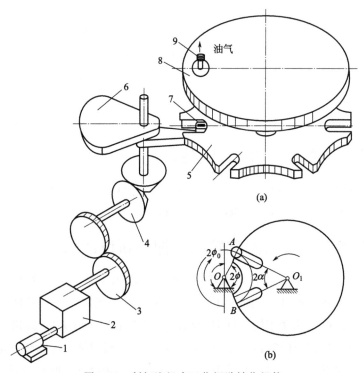

图 4-61　制灯泡机多工位间歇转位机构

1—电动机；2—减速装置；3—椭圆齿轮；4—锥齿轮；5—槽轮；6—曲柄盘；7—圆销；8—转台；9—灯泡

4.4.10　重载长距离转位分度机构创新设计图例

如图 4-62 所示，动力由横轴 1 传来，经恒速传动装置 4，带动凸轮轴 3 转动。转位时，从动滚子 8 已与凸轮 5 脱离啮合，而小齿轮 2 与分度盘 6 上的轮齿相啮合，使分度盘 6 转动；当分度盘上的另两个从动滚子 8 与凸轮 5 啮合时，小齿轮已退出啮合（对着分度盘的无齿部分）；凸轮 5 带动从动滚子使分度盘减速直至停歇位置。然后凸轮再将分度盘转动并加速到转位速度，凸轮与从动滚子即将脱开，小齿轮与分度盘上的点又重新啮合，带动分度盘转位。

本机构用于线列式或回转式装配机中的重载、长距离转位，工作精确、平稳、可靠。

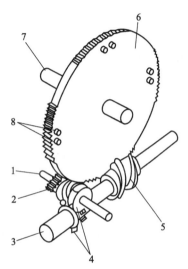

图 4-62　重载长距离转位分度机构

1—横轴；2—小齿轮；3—凸轮轴；4—恒速传动装置；5—凸轮；6—分度盘；7—中心轴；8—从动滚子

4.4.11　行星搅拌机构创新设计图例

在轮系中，由于行星轮的运动是自转与公转的合成运动，而且可以得到较高的行星轮转速，工程实际中的一些装备直接利用了行星轮的这一特有的运动特点，来实现机械执行构件的复杂运动。

图 4-63 所示为一行星搅拌机构的简图。其搅拌器 F 与行星轮 g 固连为一体，从而得到

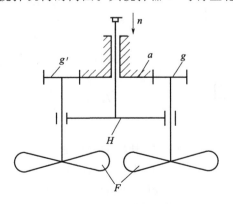

图 4-63　行星搅拌机构

复合运动，增强了搅拌效果。

4.4.12　计数机构创新设计图例

图 4-64(a) 所示为差动齿轮机构，其计算公式为：

$$N_2 = \left(1 - \frac{T_3 T_5}{T_4 T_6}\right) N_1 \tag{4-1}$$

式中　N_1——主动轴的转速；

N_2——从动轴的转速；

T_3——固定轮的齿数；

T_4——与 T_3 啮合的从动轮的齿数；

T_5——与 T_4 同为一体的从动轮的齿数；

T_6——与 T_5 啮合的从动轮的齿数。

如图 4-64(b) 所示是把这种差动齿轮装置用于照相机计数装置的实例。在这种场合下，式(4-1) 中的 $T_4 = T_5$，则有：

$$N_2 = \left(1 - \frac{T_3}{T_6}\right) N_1 \tag{4-2}$$

$$N_2 = \left(\frac{T_6 - T_3}{T_6}\right) N_1 \tag{4-3}$$

若设 $T_6 = 50$，$T_3 = 49$，则由式 (4-3) 计算得：

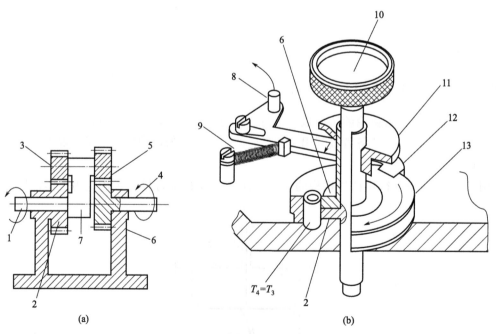

(a)　　　　　　　　　　　(b)

图 4-64　计数机构创新设计

1—主动轴（N_1）；2—固定轮（T_3）；3—从动轮（T_4）；4—从动轴（N_2）；5—从动轮（T_5）；

6—从动轮（T_6）；7—曲柄；8—定位脱开手柄；9—复位弹簧；10—卷片旋钮（N_1）；

11—计数板（N_2）；12—止动杆；13—行星齿轮支承轮，且 $T_4 = T_5$

$$N_2 = \left(\frac{50-49}{50}\right)N_1 = \frac{1}{50}N_1$$

即得到 1/50 的减速比。

如果把 $T_6 - T_3$ 设计得很小，则可得到更大的减速比，从而使从动轮以及固定于其上的计数板十分缓慢地转动。若使行星轮支承轮转满一周即停止，即式（4-2）中的 $N_1 = 1$，则有：

$$N_2 = 1 - \frac{T_3}{T_6} \tag{4-4}$$

因此，便可根据式（4-4）把计数值刻在计数板上。

4.5　间歇运动机构及创新设计图例

4.5.1　速换双凸轮机构创新设计图例

图 4-65 所示为速换双凸轮机构。彼此固连的凸轮 1 和 2 绕固定轴心 A 转动，带动从动摆杆 6 绕固定轴心 B 摆动。摆杆的顶端安装着横杆 3，横杆两头装有滚子 4 和 5，图示为凸轮 1 与滚子 4 工作的情形。若将横杆 3 松开后绕 C 点转过 $180°$。再与摆杆 6 固紧，则可转换为凸轮 2 与滚子 5 工作，达到迅速改变从动件运动规律的目的。

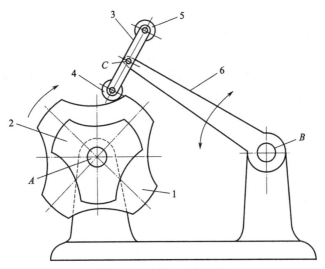

图 4-65　速换双凸轮机构
1,2—凸轮；3—横杆；4,5—滚子；6—摆杆

4.5.2　双推杆式圆柱凸轮机构创新设计图例

图 4-66 所示为双推杆式圆柱凸轮机构。当外轮廓具有凹槽 a 的圆柱凸轮 1 旋转时，滚子 2、3 沿着凹槽转动，推杆 4、5 沿着固定导路 6 往复移动。圆柱凸轮的轴线 AA 与固定导路中心线 BB、CC 互相平行，两推杆作对应于凸轮向径相位的上下移动。

该机构常用于多柱塞泵中。

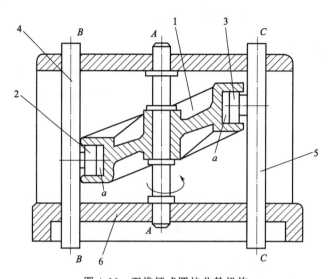

图 4-66　双推杆式圆柱凸轮机构

1—圆柱凸轮；2,3—滚子；4,5—推杆；6—固定导路

4.5.3　蜗杆凸轮机构创新设计图例

图 4-67 所示为蜗杆凸轮机构。此机构包括蜗杆机构、凸轮机构和离合器。主动轴 I 做匀速转动，通过蜗杆凸轮机构控制离合器的离合实现从动轴 II 的间歇转动。蜗杆 3 与离合器 4 同轴，I 轴通过蜗杆使蜗轮 1 匀速转动，当固结在蜗轮上的凸轮块 A 未与从动摆杆 2 上的突起接触时，离合器闭合，I 轴通过离合器带动 II 轴转动。当凸轮块 A 与摆杆 2 上的突起接触时，凸轮块远休止廓线使摆杆摆至右极限位置，离合器脱开，从动轴 II 停止转动。可通过更换凸轮块 A 来改变轴 II 的动、停时间比。

该机构常用于同轴线间传递间歇运动的场合，以机械方式、周期性地实现对离合器的控制。

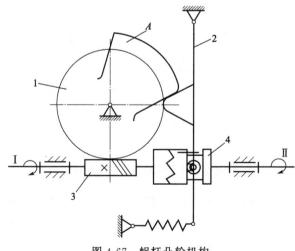

图 4-67　蜗杆凸轮机构

1—蜗轮；2—摆杆；3—蜗杆；4—离合器

4.5.4　端面螺线凸轮机构创新设计图例

图 4-68 所示为端面螺线凸轮机构。凸轮 1 的端面上螺线突缘廓线分 $\overset{\frown}{ab}$ 和 $\overset{\frown}{bc}$ 两弧线段，$\overset{\frown}{ab}$ 段是以 O_1 为圆心的圆弧段，$\overset{\frown}{bc}$ 是螺旋线段。从动件 2 是一个以 O_2 为轴线的齿轮，也可以是一个在圆周上均布滚子的圆盘，以减小摩擦。O_1 轴与 O_2 轴垂直不相交。主动凸轮 1 匀速转动，当其 $\overset{\frown}{ab}$ 段廓线与从动件相接触时，轮 2 保持静止并被锁住；当其 $\overset{\frown}{bc}$ 段廓线与从动件接触时，轮 2 实现间歇转动。当主动轮转 1 圈时，从动轮转动角度为 $2\pi/z$，z 为齿数（或滚子数）。

该空间凸轮机构可实现交错轴间的间歇传动，也可用作自动线上的转位机构。

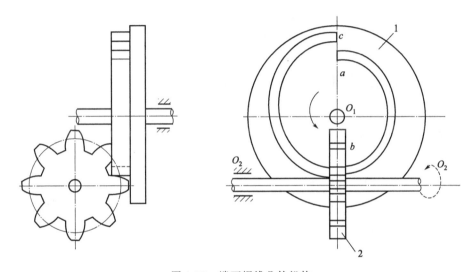

图 4-68　端面螺线凸轮机构

1—凸轮；2—从动件

4.5.5　连杆齿轮凸轮机构创新设计图例

图 4-69 所示为连杆齿轮凸轮机构。该机构由四连杆机构（1-3-7-9）、行星轮系（4-5-6-8-7）和有两个从动件的凸轮机构（2-4-8-9）组成。主动曲柄 1 和凸轮 2 固连。主动曲柄 1 连续转动，通过连杆 3 使摆杆 7 往复摆动，摆杆 7 又是行星轮系的行星架。与 1 固连的主动凸轮 2 转动，它的廓线推动从动摆杆 4、8 往复摆动，4 和 8 上的齿弧交替与行星轮 5 和中心轮 6 啮合。当 8 上的齿弧向右摆动与轮 6 脱离啮合时，4 上的齿弧正好逆时针下摆至与轮 5 啮合，在行星架 7 的带动下，轮 5 沿 4 上的齿弧向右滚动，带动齿轮 6 实现顺时针转位。当 4 上的齿弧在凸轮 2 的作用下，顺时针向上摆动脱离与轮 5 的啮合时，8 上的齿弧也顺时针向左摆动与轮 6 啮合，使轮 6 锁止不动，轮 5 在行星架的带动下向左滚动，空回复位，从而实现了齿轮 6 的间歇转动。调节曲柄 1 的长度可改变齿轮 6 的转位角的大小。

该机构常用于切削机械、自动机床中，作为可调分度角的分度机构或间歇转位机构。

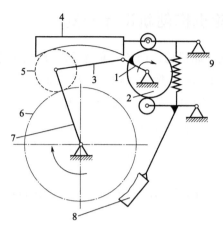

图 4-69   连杆齿轮凸轮机构

1—主动曲柄；2—凸轮；3—连杆；4,8—从动摆杆；5—行星轮；6—中心轮；7—摆杆；9—机架

4.5.6   单侧停歇凸轮机构创新设计图例

图 4-70 所示为单侧停歇凸轮机构，该机构是封闭的共轭凸轮机构。主、副凸轮 1 和 1′ 固结，廓线分别与从动摆杆 3、3′ 上的滚子 2、2′ 相接触。摆杆 4 与 3、3′ 杆刚性连接。主动凸轮 1 逆时针匀速转动，当主凸轮向径渐增的廓线与滚子 2 接触时，推动 3 带动杆 4 逆时针摆动，当副凸轮 1′ 向径渐增的廓线与 2′ 接触时，推动 3′ 带动杆 4 顺时针摆动至右极限位置后，正值主、副凸轮的廓线在 a—a 和 a'—a' 两段同心圆弧段，从而使从动摆杆 4 有一段静止时间，实现了单侧停歇。

单侧停歇凸轮机构常用于纺织机械作为织机的打纬机构。

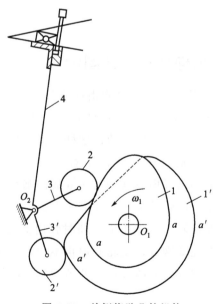

图 4-70   单侧停歇凸轮机构

1,1′—主、副凸轮；2,2′—滚子；3,3′—从动摆杆；4—摆杆

4.5.7　不等速回转机构创新设计图例

图 4-71 所示为利用凸轮和蜗杆实现不等速回转的机构。如图所示，在驱动轴上装有一个驱动销，驱动力通过销子传递到蜗杆，蜗杆上与驱动销相配合的部位有一个长孔，所以，允许蜗杆相对于驱动轴作一定距离的轴向滑动。蜗杆的另一端是一个凸轮，并用压缩弹簧压向一个方向。

当驱动齿轮使蜗杆旋转时，由于凸轮的作用，蜗杆会出现轴向滑动，所以蜗轮除了由蜗杆驱动而作正常的旋转之外，还由于蜗杆的轴向滑动而出现或增或减的附加转动，这样，蜗轮就连续不断地进行复杂的回转运动。

应用实例：自动装配机。

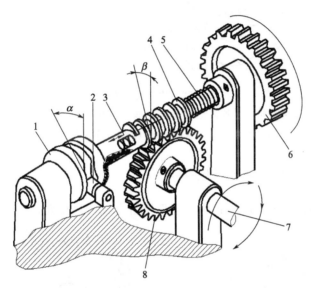

图 4-71　利用凸轮和蜗杆实现不等速回转的机构
1—槽形凸轮；2—凸轮滚子；3—驱动销；4—蜗杆；5—压缩弹簧；6—驱动齿轮；7—从动轴；8—蜗轮

4.5.8　快速转位机构创新设计图例

图 4-72 所示为一种由多个齿轮、齿条和杠杆组成的灵敏的间歇机械结构，它能平滑、灵活地将连续转动转换为启—停的转位运动。转位齿轮 7 和工作台 8 被齿条 6 锁住，行星齿轮 9 与转位齿轮 7 啮合不传递任何运动。当控制凸轮 3 同时让锁紧齿条 6 脱离转位齿轮 7、使弹簧控制的内啮合齿轮 10 转动且与行星轮 9 啮合时，工作台到下一个位置的转位开始。

这是一个行星齿轮系统，包括一个静止的内啮合齿轮、一个驱动行星轮和一个"太阳"转位齿轮。当曲柄一直向右移动时，将开始以谐波运动加速转位齿轮，这是一种理想的运动类型，缘于其低加速、减速的特性，同时将高速传动传给工作台。在曲柄旋转 180°末段，控制凸轮 3 使内啮合齿轮 10 转动并脱离啮合，与此同时使锁紧齿条 6 与转位齿轮 7 啮合。当连杆向后被拉动时，行星齿轮可以在固定不动的转位齿轮上自由的旋转。

凸轮同步控制，以至于当曲柄在转位的开始和末尾完全处于拉紧状态时所有带齿零件完全暂时地啮合。该装置在别的方向也很容易被操作。

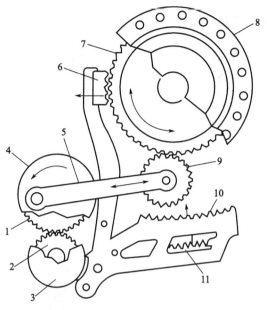

图 4-72   快速转位机构

1—主动齿轮；2—控制齿轮；3—控制凸轮；4—偏心盘；5—连接架；6—锁紧齿条；7—转位齿轮；

8—转位工作台；9—摆动行星齿轮；10—内啮合齿轮；11—弹簧载荷制动器

4.5.9   特殊行星轮创新设计图例

这个间歇运动机构将圆形齿轮和非圆形齿轮组合成行星排列，如图 4-73 所示。该间歇

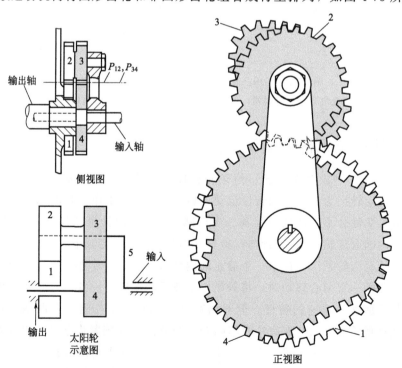

图 4-73   特殊行星轮

1,2—圆柱齿轮；3,4—非圆柱齿轮

机构是哥伦比亚大学机械工程教授 Ferdinand Freudenstein 研制的。即使是高速转动，输入轴的连续旋转也能使输出轴沿任意方向实现平滑的停止与转动。

这种随意转换间歇运动已在包装、生产、自动传输和加工类机床上应用。

4.5.10 带瞬心线附加杆的不完全齿轮机构创新设计图例

图 4-74 所示为带瞬心线附加杆的不完全齿轮机构，主动轮 1 为不完全齿轮，其上带有外凸锁止弧 a。从动轮 2 为完全齿轮，其上带有内凹锁止弧 b。瞬心线附加杆 3、4、5、6 分别固连在轮 1 和轮 2 上，其中杆 3、4 的作用是使从动轮 2 在开始运动阶段，见图 4-74(a)，由静止状态按一定规律逐渐加速到轮齿啮合的正常速度；而杆 5、6 的作用则是使从动轮 2 在终止运动阶段，见图 4-74(b)，由正常速度按一定规律逐渐减速到静止。

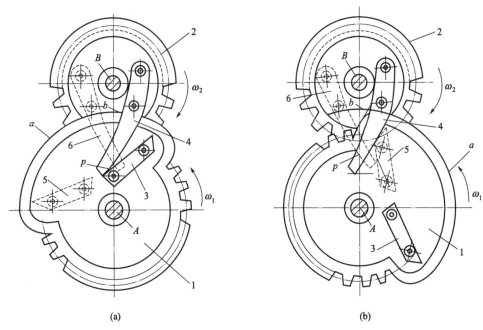

(a)   (b)

图 4-74 带瞬心线附加杆的不完全齿轮机构
1—主动轮；2—从动轮；3~6—瞬心线附加杆

图示位置为杆 3、4 传动的情形，此时从动轮 2 的角速度为 ω_2（P 为轮 1、2 的相对瞬心）。该机构能实现从动轮 2 的间歇转动，且没有冲击。

4.5.11 连杆齿轮单侧停歇机构创新设计图例

图 4-75 所示为连杆齿轮单侧停歇机构，该机构由五连杆机构和行星轮系组成。主动曲柄 1 也是行星架。行星轮 2 与固定中心轮 3 的节圆半径比 $r:R=1:3$，连杆 4 与轮 2 在节圆上的 A 点铰接。主动曲柄连续匀速转动，带动行星轮系运动，点 A 产生有三个顶点 a、b、c 的内摆线。以其中的 ab 段的平均曲率半径为连杆长 l_{AC}，曲率中心 C 为摆杆 CD 和连杆 AC 的铰接点。主动曲柄 OB 和行星轮 2 的两个运动输入，使五连杆机构的从动摆杆 CD 有确定的摆动。当主动杆 1 对应 A 点在 $\angle aOb=120°$ 范围内运动时，摆杆在右极限位置 $C'D$

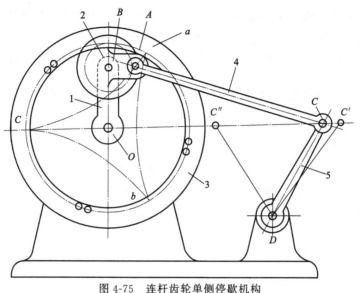

图 4-75　连杆齿轮单侧停歇机构

1—主动曲柄；2—行星轮；3—中心轮；4,5—连杆

近似停歇，而在左极限位置 $C''D$ 时有瞬时停歇。这是利用轨迹的近似圆弧实现单侧停歇摆动。若以滑块代替摇杆，可实现单侧停歇的间歇移动。

应用举例：这类机构可实现长时间的停歇，可用于自动机或自动生产线上工件运送至工位后的等待加工或实现某些工艺要求。

4.5.12　齿轮连杆摆动双侧停歇机构创新设计图例

图 4-76 所示为齿轮连杆摆动双侧停歇机构，该机构是由曲柄摇杆机构和不完全齿轮机构组成。摇杆 3 是一扇形板，齿圈 4 可在其外圆上的 A、B 挡块之间滑移，行程为 l。A、

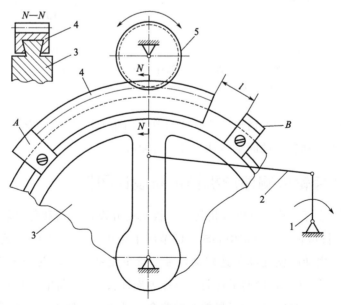

图 4-76　齿轮连杆摆动双侧停歇机构

1—曲柄；2—连杆；3—摇杆；4—齿圈；5—小齿轮

B 固定在 3 上。曲柄 1 匀速连续转动，带动摇杆 3 往复摆动，3 作顺时针摆动时，挡块 A 推动齿圈同向摆动，带动从动齿轮 5 逆时针摆动。当杆 3 作逆时针回摆时，3 在齿圈 4 中滑移，齿圈 4 和小齿轮 5 在右极限位置相对静止。3 摆过 l 弧长后，B 挡块与 4 接触，推动 4 逆时针同向摆动，带动 5 顺时针摆动。3 再次改变方向时，4 和 5 在左极限位置也有一段停歇。从而实现从动件 5 的两侧停歇摆动。改变 A、B 挡块的位置，即改变间距 l 可调整停歇时间。此机构与利用连杆轨迹的机构不同，理论上可准确实现停歇，但需克服滑道中的摩擦。

应用举例：可用于自动线中，实现双工位加工。

4.5.13　齿轮摆杆双侧停歇机构创新设计图例

图 4-77 所示为齿轮摆杆双侧停歇机构，该机构包括锥齿轮 1、2、3 组成的定轴轮系和摆动导杆机构。柱销 A_2、A_3，分别安装在锥齿轮 2、3 的内侧，相差 $180°$。主动轮 1 匀速转动，驱动大齿轮 2、3 同步反向转动。当轮 2 上的柱销 A_2 到达位置 6 时，开始进入摆动导杆 4 的直槽中，带动导杆顺时针摆动，至位置 5 时退出直槽，导杆 4 在一侧极限位置停歇。直至轮 3 上的柱销 A_3，到达位置 5，进入杆 4 的直槽内带动导杆逆时针摆回，至位置 6 退出直槽，导杆 4 在另一侧极限位置停歇。轴 Ⅰ 的连续转动，变换为导杆 4 两侧停歇的摆动。

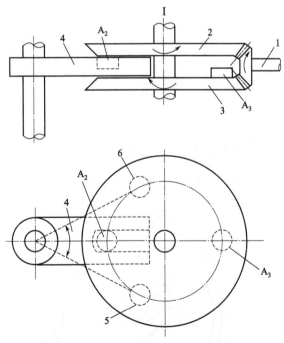

图 4-77　齿轮摆杆双侧停歇机构

1～3—锥齿轮；4—摆动导杆；5,6—摆动位置

应用举例：可用于双侧需等时停歇的间歇摆动场合，如用作双筒机枪的交替驱动机构。

4.5.14   利用摩擦作用的间歇回转机构创新设计图例

图 4-78 所示为利用摩擦作用的间歇回转机构。在侧板 A 和 B 上设有弯向摩擦轮中心的长弯孔，楔滚穿过长弯孔，并利用一个摆杆使楔滚左右摆动。

当楔滚由右向左运动时，由于楔滚在侧板的长孔和摩擦轮之间起楔的作用，而使摩擦轮旋转。当楔滚由左向右运动时，楔滚从摩擦轮上脱开，不产生摩擦作用，于是没有旋转力。如果在输出轴上装一个飞轮，那么，摩擦轮就不是间歇转动，而是连续回转。

特点：由于这是一种利用摩擦作用的间歇回转机构，所以，不会像棘轮机构那样出现工作噪声，因此，运转过程比较安静。其缺点是：运转比棘轮机构困难一些。

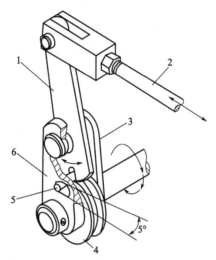

图 4-78   利用摩擦作用的间歇回转机构

1—摆杆；2—连杆；3—侧板 B；4—摩擦轮；5—楔滚；6—侧板 A

4.5.15   凸槽凹轮槽轮机构创新设计图例

如图 4-79 所示，当槽轮被匀速转动的圆滚驱动时，它常常有很高的加速和减速特性。

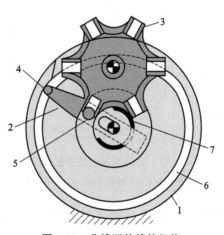

图 4-79   凸槽凹轮槽轮机构

1—静止凸轮；2—驱动杆；3—输出槽轮；4—从动滚子；5—驱动滚子；6—凹槽；7—锁止面

在这里的改进中，当被槽凸轮转动驱动时，包括驱动滚在内的输出杆可以沿径向移动。于是，当驱动滚与槽轮相啮合时，连杆将沿径向向内移动。这个动作降低了槽轮的加速力。

4.5.16　双轨槽轮机构创新设计图例

图 4-80 所示的槽轮设计的关键是必须使输出滚子沿切线方向进入和脱离槽轮（因为曲柄快速的转位输出）。一种新的具有双轨道的转位机构已经成功地研制出来了。圆滚进入一个轨道槽轮就转位 90°（在四阶段槽轮中），然后自动地沿滑出轨道脱离槽轮。

当非转位时，相连的连杆机构就会锁住槽轮。在图示位置上，锁紧滚恰好将要脱离槽轮。

4.5.17　槽轮机构输入构件创新设计图例

普通槽轮机构的输入连杆匀速转动，这样就限制了设计的灵活性。也就是说，当尺寸等参数确定后，输入轴的转速决定了暂停时间的长度。图 4-81 中椭圆形齿轮产生一个变化的曲柄转动，它能够延长或缩短暂停时间。

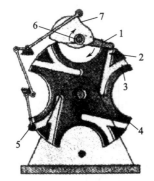

图 4-80　双轨槽轮机构

1—输入曲柄；2—转位轨道；3—轨道出口；4—槽轮
（输出）；5—锁紧滚子；6—输入轴；7—锁紧凸轮

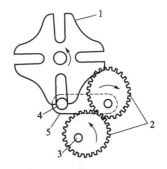

图 4-81　槽轮机构输入构件创新设计

1—输入槽轮；2—偏心齿轮；3—输入轴；
4—驱动销；5—固定到齿轮上的连杆

4.5.18　改进的槽轮传动机构创新设计图例（1）

普通的外部槽轮传动以匀速驱动，产生一个包括变速和暂停的输出。改进后的槽轮传动机构如图 4-82 所示，在其运动时，有一匀速的间隔时间，这个间隔时间可以在有限范围内改变。当弹簧载荷驱动滚轮进入固定的凸轮 b 时，输出轴的转速为零。当滚轮沿着凸轮的路径运动时，输出速度达到某一个定值，这个速度低于未被改进的具有相同数目沟槽数的槽轮所能输出的最大速度。这一恒速连续输出的时间是有限的。滚子离开凸轮时，输出速度为零。然后输出轴暂停，直到滚子重新进入凸轮。弹簧能使滚子到驱动轴之间的径向距离产生变化，以产生所需要的运动。在匀速输出时，滚子运动的轨迹以所要求的传动比为基础。

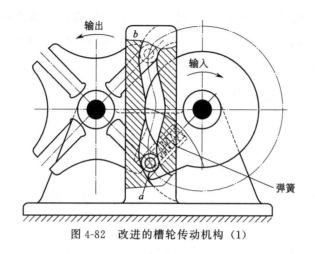

图 4-82   改进的槽轮传动机构（1）

4.5.19   改进的槽轮传动机构创新设计图例（2）

如图 4-83 所示的这个设计将一个行星轮并入到传动机构中来。输出轴的运动周期减小，最大角速度比具有相同沟槽数的未改进的槽轮机构的大。曲柄轮的一个驱动单元由行星轮 b 和传动滚 c 组成。传动滚轴与行星轮节圆上的一点同线。因为行星轮沿固定的太阳轮 d 转动，传动滚 c 轴的轨迹是一个心形的曲线 e。为防止圆滚妨碍锁紧盘 f，弧度 g 应该比未改进时槽轮所要求的大。

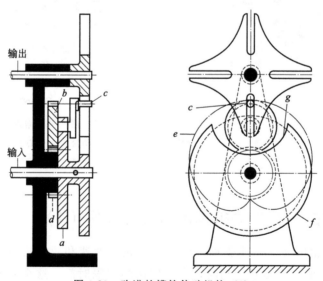

图 4-83   改进的槽轮传动机构（2）

4.5.20   不规则槽轮驱动机构创新设计图例

通过设置驱动滚，使其相对输入轴不对称，是可改变暂停时间的，且这样不会影响运动期间的持续时间。如果想要不均匀的运动时间和暂停时间，圆滚的曲柄长度应该不相等，星形轮应该做合适的改进。该机构称为不规则的槽轮驱动机构，如图 4-84 所示。

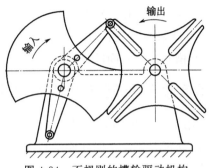

图 4-84　不规则的槽轮驱动机构

4.5.21　车床刀架转位槽轮机构创新设计图例

槽轮上径向槽的数目不同就可以获得不同的分度数，如图 4-85 所示六角车床的刀架转位机构就是一个由分度数 $n=6$ 的外槽轮机构驱动的。在槽轮上开有六条径向槽，当圆销进出槽轮一次，则可推动刀架转动一次（60°），由于刀架上装有 6 种可以变换的刀具，就可以自动地将需要的刀具依次转到工作位置上，以满足零件加工工艺的要求。

图 4-85　六角车床的刀架转位机构

4.5.22　主动轴由离合器控制的槽轮分度机构创新设计图例

图 4-86 所示为主动轴由离合器控制的槽轮分度机构。如图所示，主动带轮 1 输入的运

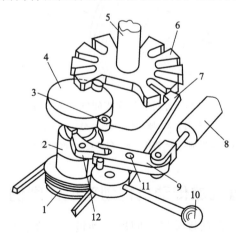

图 4-86　主动轴由离合器控制的槽轮分度机构

1—主动带轮；2—离合器；3—滚子；4—凸轮；5—轴；6—从动槽轮；7—定位杆；
8—气缸；9—连杆；10—手柄；11,12—支点动经离合器2，使凸轮4回转，凸轮上的销子拨动从动槽轮6使输出轴间歇回转。槽轮停歇时，凸轮通过滚子3控制绕支点11转动的定位杆7将槽轮定位。由气缸8或手柄10操纵离合器，使凸轮停转，以达到控制槽轮停歇时间的目的。

4.5.23　利用摩擦作用实现间歇回转的槽轮机构创新设计图例

图4-87所示为利用摩擦作用实现间歇回转的槽轮机构。驱动板3可绕输出轴6旋转，滑枕杆2通过支承轴9安装在驱动板3上，并能在驱动板上转动。滑动杆的上端装有连杆，下端装有可摆动的滑枕8，滑枕与槽轮的沟槽相啮合。

当连杆从左向右运动时，滑枕从槽轮的槽中脱开；而当连杆从右向左运动时，滑枕压紧槽轮的槽，于是使槽轮旋转。

特点：由于这种机构不会产生棘轮机构那样的工作噪声，所以可实现安静的运动。在输出轴上必须装有防止反转的机构。

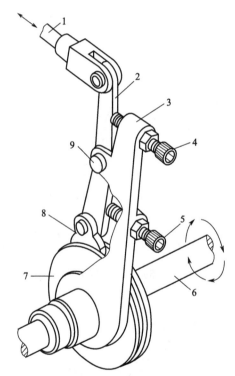

图4-87　利用摩擦作用实现间歇回转的槽轮机构
1—连杆；2—滑枕杆；3—驱动板；4—调整螺钉A；5—调整螺钉B；
6—输出轴；7—槽轮；8—滑枕；9—滑枕杆支承轴

4.5.24　圆筒锁装置间歇传动机构创新设计图例

图4-88所示是带有一个圆筒锁装置的间歇传动机构。在暂停的末尾，带动销a和两齿啮合前后的短时间内，内部的圆筒c不能使从动轮锁紧，因此添加了与筒c同轴的辅助筒b。只有两者兼备，才能获得很好的锁紧性能。它们的长度是由从动轮的节圆决定的。

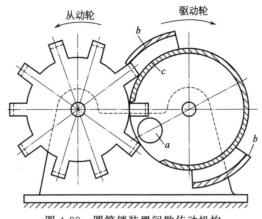

图 4-88　圆筒锁装置间歇传动机构

4.5.25　改进棘轮机构创新设计图例

图 4-89 所示为改进的棘轮机构。这种棘轮传动设计具有确定的运动，只沿同一方向，一次转一齿而不转过。关键零件是一个小短轴 5，当棘爪 8 保持在一个齿槽的底部时，它能很好地从另一个齿槽的底部移过齿的顶部。恰好到达下一个相邻的齿。

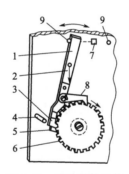

图 4-89　改进棘轮机构

1—固定杆；2—弹簧；3—制动杆；4—底板上的挡销；5—短轴；
6—棘轮；7—电磁铁；8—棘爪；9—底板上的定位销

制动杆上装有短轴 5 和弹簧 2，组成一个系统。该系统能保持连杆和棘爪 8 与棘轮外周相接触，并使短轴 5 和棘爪 8 互相支撑移动到齿间的不同空间槽。再用一个偏移零件，可以是另一连杆或电磁线圈，将固定杆 1 在定位销 4 之间从一边移到另一边，如图 4-89 上双箭头所示。只有当短轴 5 在一齿槽的底部不动以防止反转时，棘爪 8 才会从一个齿槽移动到另一个齿槽。

4.5.26　带有棘轮的保险机构创新设计图例

图 4-90 所示为带有棘轮的保险机构。如图 4-90（a）所示，连杆 3 的右端插入摇块 2 的孔中，中间装有弹簧 4，摇块 2 与主动摇杆 1 之间以转动副连接。此外，主动摇杆 1 上还装有圆销 6，圆销工作面位于平板 7 的槽口中。平板 7 与拉杆 8 固连，拉杆的左端与棘爪 9 组

成转动副。棘爪 9 与摇杆 5 之间以转动副连接,而棘轮 10 则与输出轴 11 固连。

正常工作时,主动摇杆 1 通过摇块 2、连杆 3、摇杆 5、棘爪 9、棘轮 10 将运动传给输出轴 11。当突然过载时〔图 4-90(b)〕,因摇块 2 压缩弹簧 4,圆销 6 移到平板 7 的槽口上部,故在主动摇杆 1 回程时,圆销 6 带动拉杆 8 右移,棘爪 9 与棘轮 10 分离,同时平板 7 压住触头 12 将电动机关闭。过载消除后,则可将平板 7 重新放回图 4-90(a) 所示位置,机器又开始准备工作。

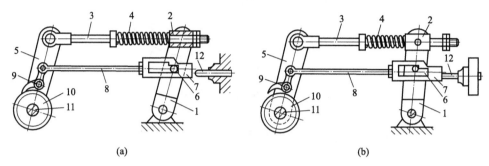

图 4-90　带有棘轮的保险机构

1—主动摇杆;2—摇块;3—连杆;4—弹簧;5—摇杆;6—圆销;7—平板;

8—拉杆;9—棘爪;10—棘轮;11—输出轴;12—触头

4.5.27　警报信号发生棘轮机构创新设计图例

图 4-91 所示为警报信号发生棘轮机构,带棘齿的凸轮 1 沿顺时针方向转动,其上安装着绝缘体 b。左端固定的弹簧 2 上有触点 a,休止时如图示位于绝缘体 b 上,使电路断开。随着凸轮的转动,电路由凸轮外廓上的齿接通或切断,使警报铃断续鸣响。在圆弧 $\overset{\frown}{cc}$ 部分恒处于接通状态,警报铃则连续鸣响。

如将该机构用于自动生产线上机器故障的报警,可预先使齿数对应于机器的号码,工作人员在听到警报铃声时,就能知道发生事故的机器。

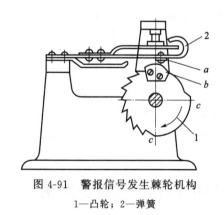

图 4-91　警报信号发生棘轮机构

1—凸轮;2—弹簧

4.5.28　杠杆棘轮电磁式送带机构创新设计图例

图 4-92 所示为杠杆棘轮电磁式送带机构,在绕固定轴心 A 转动的圆盘 2 上设置着凸

缘 b 和拨销 a，凸缘 b 与控制杆 1 上的凸缘 c 接触，拨销 a 可沿开设在杠杆 3 和 4 上的槽 d、e 滑动，杠杆 3、4 分别绕固定轴心 B、C 转动。棘爪 5 通过回转副 E 与杠杆 4 连接，且与绕固定轴心 F 转动的棘轮 6 啮合。滚子 7 与棘轮 6 固连在同一轴上，滚子 8 安装在绕固定轴心 H 转动的杆 9 上。若电磁铁 10 工作，将控制杆 1 吸起，当圆盘 2 顺时针转动，经拨销 a 带动杠杆 3、4 以及棘爪 5，使棘轮 6 和滚子 7 转动，从而将夹在滚子 7 和 8 之间的带材向左传送。

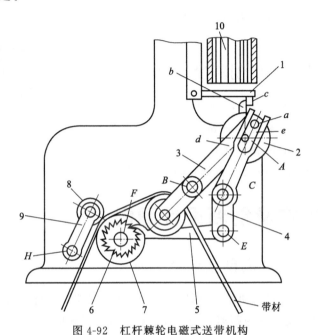

图 4-92　杠杆棘轮电磁式送带机构

1—控制杆；2—圆盘；3,4—杠杆；5—棘爪；6—棘轮；7,8—滚子；9—杆；10—电磁铁

4.5.29　自动改变进给量的木工机床棘轮机构创新设计图例

图 4-93 所示为自动改变进给量的木工机床棘轮机构，棘轮 5 和槽形凸轮 7 与从动丝杠 8

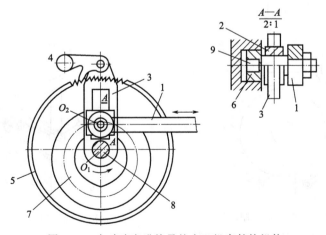

图 4-93　自动改变进给量的木工机床棘轮机构

1—连杆；2—滑块；3—导杆；4—棘爪；5—棘轮；6—滚子；7—槽形凸轮；8—从动丝杠；9—销轴

固连，棘爪 4 铰接在导杆 3 上，导杆 3 的槽中装有滑块 2，滑块 2 和凸轮槽中的滚子 6 均经销轴 9 与主动连杆 1 连接。

当连杆 1 经滑块 2 带动导杆 3 并经棘爪 4 驱动棘轮 5 转动时，滚子 6 在凸轮槽的作用下带动滑块 2 沿导杆槽移动，使轴心 O_1 与 O_2 之间的距离发生变化，引起导杆转角和棘轮转角的变化，从而实现进给量的自动改变。

4.5.30　棘轮转换机构创新设计图例

图 4-94 所示为棘轮转换机构，轴 A 上固连着旋钮 1 和棘轮 2，转动旋钮时，棘轮因弹簧 3 的作用从一个指定位置转到另一个指定位置。在该指定位置上，弹性棘爪 4 与棘轮的齿槽 a 相咬合，将棘轮固定。

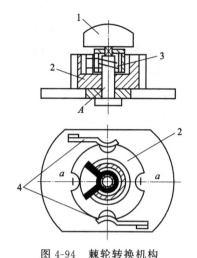

图 4-94　棘轮转换机构

1—旋钮；2—棘轮；3—弹簧；4—弹性棘爪

4.6　螺旋机构及创新设计图例

4.6.1　螺杆块式制动器创新设计图例

图 4-95 所示为螺杆块式制动器。当具有左、右旋向螺纹的螺杆 5 绕轴线 $x—x$ 转动时，带动螺母 1 和 4 相向移动而缩短距离，使摇杆 2 和 6 分别沿顺时针和逆时针方向转动，从而带动左、右两闸块 a 制动轮 3。

4.6.2　镗刀头的固定机构创新设计图例

当把镗刀头装夹在镗杆上，而不能用螺钉从镗杆侧面固定镗刀头时，可采用图 4-96 所示的结构。用一个具有锥孔的螺母及锥形夹套紧固镗刀头，并可用一个具有两种螺纹的螺钉在轴线方向上调节刀头的伸出量。

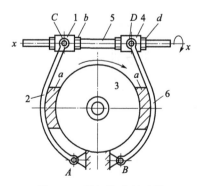

图 4-95　螺杆块式制动器

1,4—螺母；2,6—摇杆；3—轮；5—螺杆

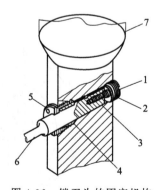

图 4-96　镗刀头的固定机构

1—螺钉；2—细牙螺纹；3—粗牙螺纹；4—锥形夹套；

5—锥孔螺母；6—圆形镗刀；7—镗杆

在镗刀上装有埋头键，以使镗刀在刀杆孔内不能相对转动。镗刀的尾部切有粗牙内螺纹，当扭动与此内螺纹相配合的螺钉时，镗刀便作轴线方向的微量位移，其移动量是螺钉头部的细牙螺纹螺距和螺钉尾部的粗牙螺纹螺距之差，从而可调节刀尖的伸出量。

只要拧紧锥孔螺母，则与锥孔相配的锥形夹套就可将刀头紧紧固定住。

4.6.3　简易拆卸器创新设计图例

当需要拆卸压配在一起的零件时，常因无法卸下而遇到各种各样的困难，这里介绍一种结构简单且易于自制的简易拆卸器，如图 4-97 所示。在拉杆的中间拧着装有手轮的牵引螺杆，拉杆左右两侧挂有两个拉钩 A、B，为了适应大小不同的零件，在拉杆上开有若干个沟槽。

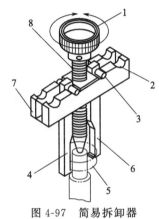

图 4-97　简易拆卸器

1—手轮；2—沟槽；3—拉钩支承销；4—拉钩 A；5—被拆卸的零件；6—拉钩 B；7—拉杆；8—牵引螺杆

4.6.4　带有微调装置的刀杆创新设计图例

图 4-98 所示为带有微调装置的刀杆。图示结构使刀杆的前端部分与刀夹用燕尾槽相结

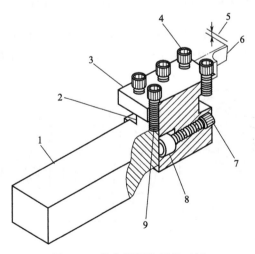

图 4-98　带有微调装置的刀杆

1—刀杆柄；2—燕尾槽；3—刀夹；4—刀头安装螺钉；5—刀夹调整尺寸；

6—刀头；7—刀夹固定螺钉；8—垫块；9—微调螺钉

合，利用微调螺钉调节刀尖高度，然后用紧固螺钉将刀夹固定。在制造这种装置时，要尽可能提高燕尾槽的精度，而且要进行淬火和磨削加工。

4.6.5　消除进给丝杠间隙机构创新设计图例

图 4-99 所示为消除进给丝杠间隙机构。进给丝杠通过手轮、止推轴承以及圆螺母（A）、（B）无间隙地装在机体上，在丝杠的螺纹部分安装有两个带法兰盘的螺母，其中一个是加压螺母。

紧固在主螺母法兰盘上的两个双头螺栓，穿过加压螺母法兰盘上的光孔，然后在螺栓上套装加压弹簧和调压螺母。这样，使主螺母与加压螺母互相产生压靠作用，从而消除了它与丝杠间的间隙。

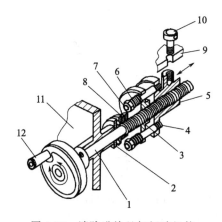

图 4-99　消除进给丝杠间隙机构

1—丝杠；2—止推轴承；3—加压螺母；4—双头螺栓；5—主螺母；6—加压弹簧；7—调压螺母；

8—圆螺母（A）、（B）；9—进给部件；10—拧紧进给部件的螺钉；11—机体；12—手轮

4.6.6　由螺母钢珠丝杠组成的高效螺旋副创新设计图例

图 4-100（a）所示为由螺母钢珠丝杠组成的高效螺旋副。钢珠在丝杠导槽中沿螺旋线分布，钢珠 4 放置成几列，但不应少于两个封闭列；用嵌入零件 2 上的特殊沟槽（反珠器）实

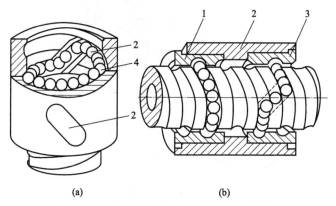

(a)　　　　　　　　　(b)

图 4-100　由螺母钢珠丝杠组成的高效螺旋副

1,3—螺母；2—套筒；4—钢珠

现滚珠返回而成一封闭列。在不允许丝杠与螺母间有游隙的机构中，可采用图 4-100(b) 所示双螺母结构；其中，螺母 1 和 3 安装在套筒 2 中，并且螺母 1、3 和套筒 2 上各有三角形截面的花键状的外齿圈和内齿圈，而螺母 1 和套筒 2 的齿圈齿数与螺母 3 和套筒 2 的齿圈齿数不同（差 1 齿）。在两螺母相对转动可以消除游隙后，用齿圈固定。

4.6.7 滚珠螺旋机构创新设计图例

图 4-101 所示为双螺母垫片调整式滚珠螺旋机构示意图。滚珠螺旋机构在螺母 1 和螺杆 4 之间具有封闭的滚道，其中充满着滚珠 3。挡珠器 2 上方有螺柱，通过螺母将其固定在滚珠螺母 1 上。在螺母 1 上开有侧孔及回珠槽 5，把相邻的两条滚道连通起来。这样就可以保证滚珠 3 在螺杆转动期间不停地滚动，并通过回珠槽 5 又返回原来的螺纹滚道中来。这种滚珠返回通道的形式为内循环式。除此之外，还有外循环式。

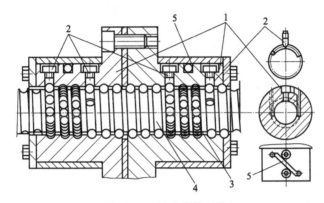

图 4-101 滚珠螺旋机构

1—螺母；2—挡珠器；3—滚珠；4—螺杆；5—回珠槽

4.7 挠性传动机构及创新设计图例

4.7.1 带锯机创新设计图例

带锯机在木材工业中应用广泛，机型繁多。按工艺用途可分为带锯机、再剖带锯机和细木工带锯机。按锯轮安置方位可分为立式的、卧式的和倾斜式的。立式的又分为右式的和左式的。按带锯机安装方式可分为固定式的和移动式的。按组合台数可分为普通带锯机和多联带锯机等。

图 4-102 所示为立式带锯机工作原理。带锯机移植了带传动原理，可以实现锯条的连续运动。带锯机以环状无端的带锯条为锯具，绕在两个锯轮上作单向连续的直线运动来锯切木材。带锯机主要由锯轮 1 和锯轮 6、带锯条张紧装置 3、上锯轮升降和仰俯装置 4、锯条导向装置 7、工作台 8 和床身 9 等组成。

锯轮分为辐条式的上锯轮和幅板式的下锯轮；下锯轮为主动轮，上锯轮为从动轮，下锯轮的重量应比上锯轮重 2.5～5 倍。带锯条的切削速度通常为 30～60m/s。上锯轮升降装置用于装卸和调整带锯条的松紧；上锯轮仰俯装置用于防止带锯条在锯切时从锯轮上脱落。带

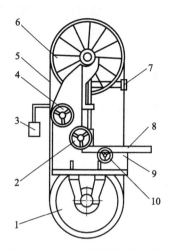

图 4-102   立式带锯机工作原理

1,6—锯轮；2—纵向调节装置；3—带锯条张紧装置；4—上锯轮升降和仰俯装置；5—锯条；

7—锯条导向装置；8—工作台；9—床身；10—横向调节装置

锯条张紧装置则能赋予上锯轮以弹性，保证带锯条在运行中张紧度的稳定；旧式的采用弹簧或杠杆重锤机构，新式的则采用气压、液压张紧装置。导向装置 7 俗称锯卡，用以防止锯切时带锯条的扭曲或摆动。下锯卡固定在床身下端，上锯卡则可沿垂直滑轨上下调节。锯卡结构有滚轮式和滑块式，滑块式用硬木或耐磨塑料制成。工作台可以在纵向调节装置 2 和横向调节装置 10 的调节下移动。

4.7.2   行星带传动机械手臂创新设计图例

图 4-103 所示为行星带传动旋转机械手传动原理，由圆锥齿轮机构、两套行星齿形带传动机构（Ⅰ、Ⅱ）和凸轮机构串联组合而成。平动是由行星齿形带传动机构来实现的，而提升平台 16 在水平面内的摆动，则是由凸轮机构来实现的。

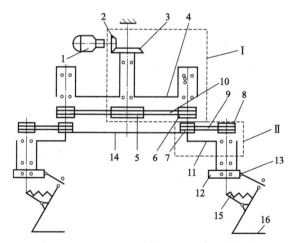

图 4-103   行星带传动旋转机械手传动原理

1—电动机；2,3—锥齿轮；4,11—转臂；5～8—同步带轮；9,10—带；12—齿轮；

13—辊子；14—圆盘；15—拉伸弹簧；16—提升平台

以右半部分行星机构为例说明，右半部分是由行星机构Ⅰ和行星机构Ⅱ（如图中虚线所示）串联组合而成的。在行星机构Ⅰ中，齿形带轮 5 是中心轮，齿形带轮 6 是行星轮，转臂 4 是系杆。在行星机构Ⅱ中，由于齿形带轮 7 与圆盘 14 是固定连接，故齿形带轮 7 相对圆盘 14 不能转动，齿形带轮 8 是行星轮，转臂 11 是系杆。

这表明在整个系统回转过程中，同步带轮 8 相对本系统而言的合成转速为 0，这就满足了提升平台 16 的平动工作要求。

由于该旋转二爪机械手工作时，要求两个提升平台在铅垂面内作平动，以防圆盘倾倒，所以支撑两个提升平台的轴相对于本系统不能转动。将旋转二爪机械手水平放置，以回转中心为原点 O，建立图示直角坐标系，得到行星带轮 8 的椭圆曲线轨迹方程，如图 4-104 所示。

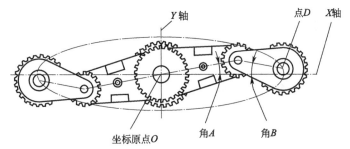

图 4-104　行星带轮 8 的椭圆曲线轨迹图

将图 4-103 所示的行星齿形带传动机构Ⅰ和Ⅱ（如图 4-103 中虚线所示）由串联组合改为并联组合，也就是将图 4-103 所示的同步带轮 8 的中心与同步带轮 5 的中心同轴线，同步带轮 8 的轴线位置原地不动，但与圆盘 14 的固定连接改为可动连接，从而衍生出一种新的结构上仍然左右对称的行星传动机构。

图 4-105 所示为衍生行星传动机构的传动原理。

如果将此传动装置设计成其他种类的行星皮带传动或链传动，选定合适的带轮尺寸或链轮齿数，从理论上也可实现工作要求，从而为该机构的维修或改造找到一条新的思路。

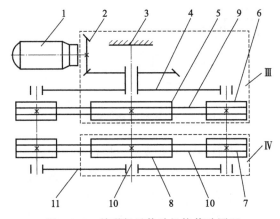

图 4-105　并联行星传动机构传动原理

1—电动机；2,3—锥齿轮；4,11—转臂；5～8—同步带轮；9,10—带

4.7.3　自行车创新设计图例

本实例主要以自行车的发展过程学习创新理论的应用。自行车主要工作部分是前后车轮，两轮的转动带动车架及车上的人前进，因此自行车的发展过程也是围绕这一功用开始的。

能称为自行车的第一辆自行车，是由曲柄连杆机构驱动后轮，是苏格兰的麦克米伦发明制作的。该自行车在后轮上安装曲柄，曲柄与脚踏板之间用两根连杆连接，只要反复蹬踏悬在前支架上的踏板，驾驶者就可以驱动车子前进了，这一发明使自行车使用者双脚离开地面，用脚蹬踏板驱动自行车行驶，是自行车发展的一次飞跃，如图 4-106（a）所示。后来法国的米肖父子发明了前轮大后轮小，在前轮上装有曲柄和能转动的踏板的自行车，后来又经历了材料的改进，这样提高了车速并减小自行车重量，但是这种自行车车轮较大，驾驶高度不方便，也不安全，如图 4-106（b）所示。1874 年，英国的劳森开始在自行车上采用链传动机构，并将驱动方式改为后轮驱动，从而使自行车车轮小，重量轻，速度快，骑车者也可以在合适的高度驾驶，称为安全型自行车，如图 4-106（c）所示。自行车又向前迈进了一大步，但是，此时的自行车还是前轮大后轮小。1886 年，英国的斯塔利在自行车上装上车闸，并使用滚动轴承，提高传动效率，同时又将前轮缩小，并将钢管组成菱形车架，提高自行车强度，同时进一步减小自行车的重量，这样今天的自行车雏形就形成了，如图 4-106（d）所示。两年后，英国的邓洛普将充气轮胎应用在自行车上，显著提高了自行车的骑行性能和舒适性，成为真正的自行车。

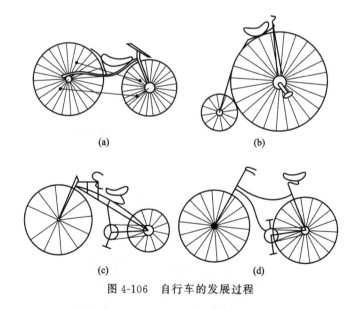

图 4-106　自行车的发展过程

在自行车的传动系统上，人们一直努力改进，使自行车样式更加丰富。图 4-107 所示为双人自行车示意图，由两人驱动，分别设有单项离合器，两副链传动，使驱动力可以同时驱动车轮互相不干涉。图中 1 为座椅，2 为车把，3 为车轮，4 为脚蹬，5 为链传动，一个人操作时，其基本原理同单车一样，双人骑乘时，有所不同的是，后面座椅上的人可以通过脚蹬，带动后轮转动，给前面的骑车人以辅助力。

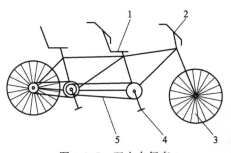

图 4-107 双人自行车

1—座椅；2—车把；3—车轮；4—脚蹬；5—链传动

另外还有齿轮传动自行车，如图 4-108 所示。该车在结构上将链传动改为齿轮传动，将链条开式传动改为全封闭式传动，不仅润滑条件有所改善，而且使传动部件受到保护。将棘爪飞轮改为超越式飞轮，保证齿轮高精度的传动。齿轮传动自行车采用两对锥齿轮实现脚蹬对车轮驱动力的传递，如图所示 1、2 为两对锥齿轮，封闭在传动箱内（未画出），脚蹬 3 与锥齿轮 2 固连，作为动力输入端，4 为自行车车架及车轮。

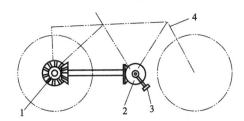

图 4-108 齿轮传动自行车

1,2—锥齿轮；3—脚蹬；4—自行车车架及车轮

以上都是人们对自行车的大胆创新，随着汽车对环境污染的日益加重，人们对环境的保护意识不断增强，因此自行车作为一种低能耗、低污染的交通工具越来越受到人们的青睐。同时，为了提高自行车的使用性能，人们一直在研究，从动力、材料、功能上进行改进，如电动自行车、非金属材料车架自行车等。

4.7.4 双链辊筒输送机创新设计图例

双链辊筒输送机依靠链条驱动辊筒来输送物品，具有输送能力强、运送货物量大、输送灵活等特点，可以实现多种货物合流和分流的要求。图 4-109 所示为双链滚筒输送机示意图，减速电机 5 为原动机，固定于机架 1 上，首先由减速电机 5 经过链条传动装置 4 将动力传递给辊子，驱动第一个辊子，然后再由第一个辊子通过链条传动装置驱动第二个辊子，这样逐次传递，实现全部辊子成为驱动辊子，达到运输货物的目的。

图中 2 为辊子，货件 3 置于辊子上。辊筒输送机的双链动力辊筒采用高耐磨工程塑料链轮或钢质链轮及塑钢座，精密轴承，每个辊子上装有两个链轮，辊子排布如图 4-110 所示，1 为辊子，辊子一端装有链轮 2，辊子之间由传动链 3 连接。

辊子直径一般为 73～155mm，长度根据被运货物尺寸而定（比货物大 50～100mm），在制造时进行动平衡试验。由于每个辊子自成系统，所以更换维修比较方便，但是费用较高。

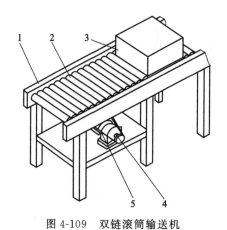

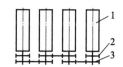

图 4-109　双链滚筒输送机

1—机架；2—辊子；3—货件；4—链条传动装置；5—减速电机

图 4-110　双链滚筒传动原理示意图

1—辊子；2—链轮；3—传动链

4.7.5　链传动配气机构创新设计图例

链传动特别适合凸轮轴顶置式配气机构，图 4-111 所示为内燃机链传动配气机构总成。内燃机燃气推动活塞往复运动，经连杆转变为曲轴 5 的连续转动，经由链传动 6 将动力传递给凸轮轴 4，挺柱 1 和推杆 2 用来启闭进气阀和排气阀，3 为摇臂轴。

为使工作中链条有一定的张力而不至于脱链，通常装有导链板、张紧装置等。链传动的主要问题是其工作可靠性和耐久性不如齿轮传动和同步带传动好，它的传动性能主要取决于链条的制造质量。

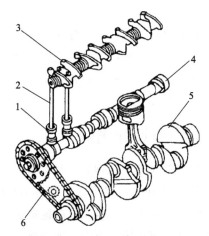

图 4-111　链传动配气机构

1—挺柱；2—推杆；3—摇臂轴；4—凸轮轴；5—曲轴；6—链传动

4.7.6　叉车起升机构创新设计图例

叉车是各类仓库及生产车间使用广泛的一种装卸机械，兼有起重和搬运的性能，常用于作业现场的短距离搬运、装卸物资及拆码垛作业。叉车的种类繁多，分类方法各异，根据货叉位置不同可分为直叉式及侧叉式，直叉式又分为平衡重式、插腿式及前移式。仓储部门常用的都属于直叉平衡重式。

叉车的工作装置是叉车进行装卸作业的工作部分，它承受全部货重，并完成货物的叉取、升降、堆放和码垛等工序。图 4-112 所示为平衡重式叉车的工作装置，主要由取物装置（货叉 4 及叉架 5）、门架（外门架 2 及内门架 6）、起升机构 3、门架倾斜机构 1和液压传动装置等部分组成。门架倾斜机构就是倾斜油缸 1，倾斜油缸的伸缩即实现门架前倾和后倾，即货叉的前倾和后倾。起升机构由起升油缸 3、导向轮 8 及轮架 9、起重链 7 和叉架 5 等组成。起升油缸 3 安装在外门架的下横梁上，而油缸活塞杆 10 的上端与轮架 9 相连，导向轮装在轮架上。在导向轮上绕有起重链 7，其一段固定在油缸盖（或门架横梁）上，另一端绕过导向轮与叉架相连。起升油缸顶起导向轮，通过链轮带动链条，链条牵引叉架，使叉架升降，从而实现货叉的升降动作，即实现货物的升降动作。

叉车上使用的起重链条有片式起重链和套筒滚子链两种。片式起重链结构简单，承载能力比套筒滚子链大，承受冲击载荷的能力强，工作更为可靠，如 CPD1、CPC3 等叉车采用此种链条。如图 4-113 所示，套筒滚子链由链片、销轴、套筒及滚子等部分组成，比片式起重链传动阻力小，耐磨性好，CPQ1、CPC2、CPCD5 等叉车采用此种链条。通常链条 1 绕在链轮 2 上，一端固定在叉架 6 上，另一端固定在起升油缸外壁的固定板 4 上。3 为调节螺栓，5 为固定螺栓，7 为调节螺母。链条的松紧可以通过链条两端的调节螺栓来调节，使两根链条的松紧度大致相等。

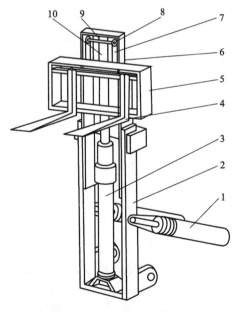

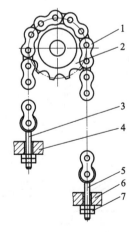

图 4-112　叉车工作装置
1—倾斜油缸；2—外门架；3—起升油缸；
4—货叉；5—叉架；6—内门架；7—起重
链；8—导向轮；9—轮架；10—活塞杆

图 4-113　叉车套筒滚子链
1—链条；2—链轮；3—调节螺栓；4—固定板；
5—固定螺栓；6—叉架；7—调节螺母

4.7.7　用于非圆外壳的焊料夹具创新设计图例

齿条和小齿轮原理的灵活应用——这是一个用于非圆外壳的焊料夹具，如图 4-114 所示。也可以类似地设计出主动工作的凸轮。标准角度托架使链子与凸轮（或者夹紧板）相连接。

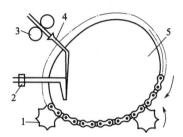

图 4-114　用于非圆外壳的焊料夹具

1—驱动链轮；2—吹管；3—焊料进给滚；4—进给管；5—具有非圆
轮廓的零件与板夹紧在一起（板在驱动链轮上随意浮动）

4.7.8　链传动中减少跳动机构创新设计图例

如图 4-115 所示，安装在链轮轴上的大型铸齿、非圆齿轮有波形轮廓，这些波形轮廓的数量等于链轮的齿数。小齿轮也有一个相应的非圆外形。虽然采用了特殊外形的齿轮，但是传动完全等同于链的波动。

如图 4-116 所示，这种传动有两个偏心安装的直齿小齿轮（1 和 2）。动力是通过带轮传递的，带轮靠键连接到与小齿轮 1 相同的轴上。通过键与小齿轮 2 的轴相连接的小齿轮 3（未画出）驱动大齿轮和链轮 5。然而，只有当小齿轮 1 和 2 的节线是非圆的而不是偏心的时，该机构才完全等于传送链的速度。

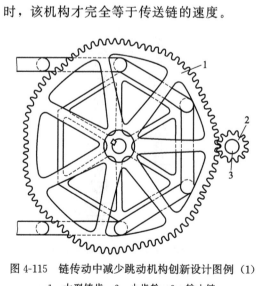

图 4-115　链传动中减少跳动机构创新设计图例（1）

1—大型铸齿；2—小齿轮；3—输入链

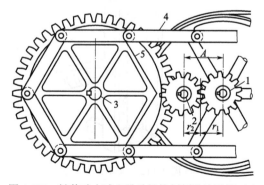

图 4-116　链传动中减少跳动机构创新设计图例（2）

1~3—小齿轮（齿轮 3 未画出）；4—链；5—链轮

如图 4-117 所示，附加链轮 2 通过一个小节距链 1 驱动非圆链轮 3。这将使速度波动通

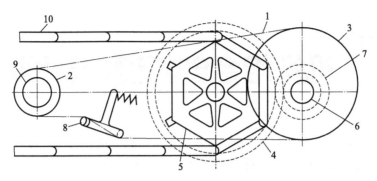

图 4-117　链传动中减少跳动机构创新设计图例（3）
1—小节距滚子链；2—附加链轮；3—非圆链轮；4—齿轮；5—链轮；
6—轴；7—小齿轮；8—滚子；9—输入轴；10—传送链

过小齿轮 7 和齿轮 4 传向轴 6 长节距输送链轮 5。这对齿轮的齿数比和链轮 5 的齿数相等。受弹簧作用的杠杆和滚子 8 起拉紧的作用。输送带的运动是均衡的，但是因为链 1 的节距必须保持得很小，所以该机构限制了承载能力。通过使用多股小节距链可以提高承载能力。

　　如图 4-118 所示，动力是通过链 4 从轴 2 传到链轮 6 的，于是将波动的速度传向轴 3，并通过它传到链轮 7。因为链 4 节距小，链轮 5 相应地较大，所以链 4 的速度接近匀速，这就得到了几乎恒定的传送速度。该机构需要滚子拉紧链松弛的边，否则将限制承载能力。

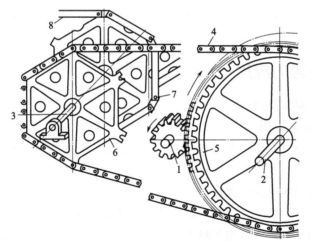

图 4-118　链传动中减少跳动机构创新设计图例（4）
1—输入轴；2，3—轴；4—小节距滚子链；5～7—链轮；8—传送链

CHAPTER 5
第5章　机构组合创新设计及图例

在工程实际中，单一的基本机构应用较少，而基本机构的组合系统却应用于绝大部分的机械装置中。因此，机构的组合是机械创新设计的重要手段。其组合方法主要有连接杆组法，各类基本机构的串联、并联、叠加连接、封闭式连接。

5.1　机构组合的基本概念

机构是机器中执行机械运动的主体装置，机构的类型与复杂程度和机器的性能、成本、制造工艺、使用寿命、工作可靠性等有密切关系。因此，机构的设计在机械设计的全过程中占有极其重要的地位。

任何复杂的机构系统都是由基本机构组合而成的。这些基本机构可以进行串联、并联、叠加连接和封闭连接，组成各种各样的机械，也可以是互相之间不连接的单独工作的基本机构组成的机械系统，但机构之间的运动必须满足运动协调条件，能完成各种各样的动作。所谓的机构综合大都指基本机构的综合，所以研究基本机构以及它们之间的组合方法是机构创新设计的重要内容。

5.1.1　基本机构的应用

(1) 基本机构的单独使用

基本机构可以直接应用在机械装置中，但只包含一个基本机构的机械应用较少。也就是说，只有一些简单机械中才包含一个基本机构，如空气压缩机中包含一个曲柄滑块机构。

(2) 互不连接的基本机构的组合

若干个互不连接、单独工作的基本机构可以组成复杂的机械系统。设计要点是选择满足工作要求的基本机构，各基本机构之间进行运动协调设计。如图5-1所示的压片机中包含三个独立工作的基本机构，送料机构与上、下加压机构之间的运动不能发生运动干涉。送料机构必须在上加压机构上行到某一位置、下加压机构把药片送出型腔后，才开始送料，当上、下加压机构开始压紧动作时返回原位静止不动。

(3) 各基本机构互相连接的组合

各基本机构通过某种连接方法组合在一起，形成一个较复杂的机械系统，这类机械是工程中应用最广泛和最普遍的。

基本机构的连接组合方式主要有：串联组合、并联组合、叠加组合和封闭组合等。其中串联组合是应用最普通的组合。图5-2所示为基本机构的串联组合示意图。图5-3所示为基本机构的并联组合示意图。

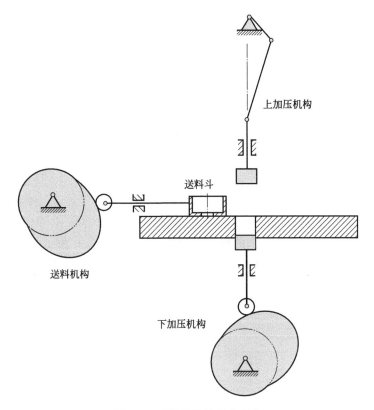

图 5-1　互不连接的基本机构

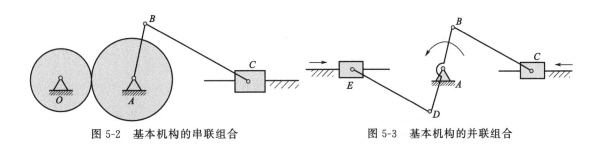

图 5-2　基本机构的串联组合　　　　　图 5-3　基本机构的并联组合

　　只要掌握基本机构的运动规律和运动特性，再考虑到具体的工作要求，选择适当的基本机构类型和数量，对其进行组合设计，就为设计新机构提供了一条最佳途径。

　　机械的运动变换是通过机构来实现的。不同的机构能实现不同的运动变换，具有不同的运动特性。这里的基本机构主要有各类四杆机构、凸轮机构、齿轮机构、间歇运动机构、螺旋机、带传动机构、链传动机构、摩擦轮机构等，基本机构的设计与分析是机械原理课程的主要内容，也是机械运动方案设计的首选机构。

　　图 5-4 所示的输送带机构系统是由带传动机构与齿轮机构组合而成的机构系统。图 5-5 所示的输送带机构系统是由齿轮机构系统组合而成的机构系统。图 5-6 所示的卷扬机机构系统也是由齿轮机构系统组合而成的机构系统。这些最简单的机械装置都包含了两个以上的基本机构，可见机构的组合设计在机械设计中占有多么重要的地位。

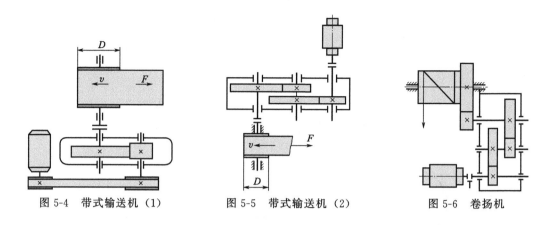

图 5-4 带式输送机（1） 图 5-5 带式输送机（2） 图 5-6 卷扬机

图 5-7 所示机构系统是较为复杂的机械装置简图。图 5-7(a) 所示机构系统为牛头刨床的机构简图，由齿轮机构和连杆机构组合而成。图 5-7(b) 所示机构系统为冲压机机构简图，由带传动机构、多级齿轮机构和连杆机构组合而成。

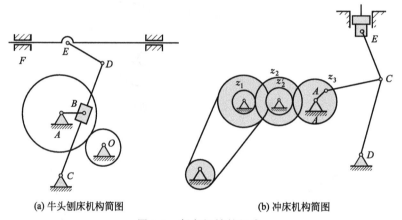

(a) 牛头刨床机构简图 (b) 冲床机构简图

图 5-7 复杂机械的组成

综上所述，一般的机械运动系统都是由若干个基本机构组合而成的，完成特定的工作任务。但机构的组合方法必须遵循一定的理论与规则，学习和掌握这些机构组合的理论与规则，对于机构系统的创新设计有很大的指导意义。

5.1.2 常用机构组合方法

机构的组合是指把相同或不同类型的机构通过一定的连接方法，按照一定规则组合成一个机构系统，从而实现既定的功能目标。

常用的机构组合方法如下。

① 利用机构的组成原理，不断连接各类杆组，可得到复杂的机构系统。

② 按照串联规则组合基本机构，可得到复杂的串联机构系统。

③ 按照并联规则组合基本机构，可得到复杂的并联机构系统。

④ 按照叠加规则组合基本机构，可得到复杂的叠加机构系统。

⑤ 按照封闭规则组合基本机构，可得到复杂的封闭机构系统。

⑥ 上述方法的混合连接，可得到复杂的机构系统。

在实际应用中，需要灵活应用上述方法。以下分别讨论上述的机构组合方法。

5.2　机构组成原理与创新设计

机构具有确定运动的条件是机构的自由度等于机构的原动件数目。因此，将机构的原动件和机架从原机构拆除后，剩余的杆件系统的自由度必然为零。而自由度为零的杆件系统有时还可以分解为不能再进行拆分的自由度为零的基本杆组。最常见的基本杆组有Ⅱ级杆组和Ⅲ级杆组，即具有 2 个构件和 3 个运动副的杆组以及 4 个构件和 6 个运动副的杆组。

5.2.1　Ⅱ级杆组的类型

当内接副为转动副时，两个外接副可同时为转动副，也可以一个为转动副，另一个为移动副，或者两个外接副同时为移动副，图 5-8 所示为Ⅱ级杆组分类图。可用 RRR、RRP、PRP 表示。其中中间的大写字母表示内接副。由于 PRR 与 RRP 具有相同性质，可将它们合为一类杆组处理。图 5-8(b) 所示两个杆组结构相同，右侧杆组更为常用些。图 5-8(c) 所示两个杆组结构相同，右侧杆组更为常用些。

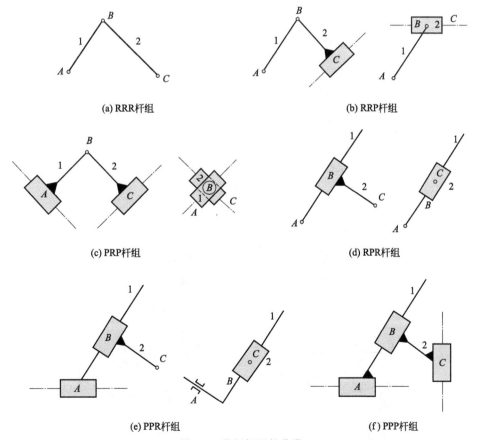

图 5-8　Ⅱ级杆组的分类

当内接副为移动副时，两个外接副可同时为转动副；也可以一个为转动副，另一个为移动副；或者两个外接副同时为移动副。这时也可分为 3 个 Ⅱ 级杆组，可用 RPR、PPR PPP 表示。由于 PPR 与 RPP 具有相同的性质，可将它们合为一类杆组处理。图 5-8(d) 所示杆组为 RPR 类型，右侧杆组更为常用些。图 5-8(e) 所示两个 PPR 杆组结构相同，右侧杆组更为常用些。图 5-8(f) 所示 PPP 杆组很少应用。

Ⅱ 级杆组总共有 6 种不同的形式，常用的有 5 种。

5.2.2　Ⅲ 级杆组的类型

Ⅲ 级杆组的类型很多，三个内接副均为转动副时，对应有四种杆组类型，如图 5-9 所示。三个内接副中有两个转动副和一个移动副时，对应有四种杆组类型，如图 5-10 所示。三个内接副中有一个转动副和两个移动副时，对应有四种杆组类型，如图 5-11 所示。三个内接副均为移动副时，对应有四种杆组类型，如图 5-12 所示。为方便起见，前三个大写字母表示三个内接副，后三个大写字母表示外接副，也可以用图示简化表示方法。

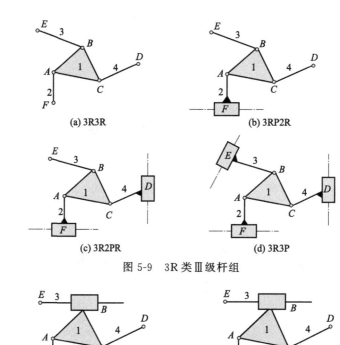

图 5-9　3R 类 Ⅲ 级杆组

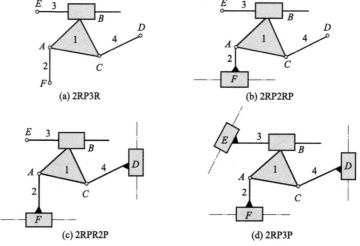

图 5-10　2RP 类 Ⅲ 级杆组

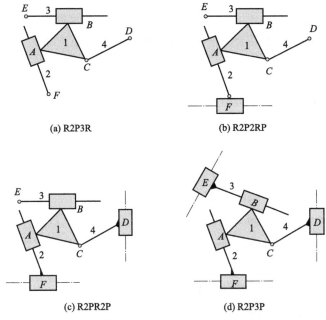

(a) R2P3R

(b) R2P2RP

(c) R2PR2P

(d) R2P3P

图 5-11 R2P 类Ⅲ级杆组

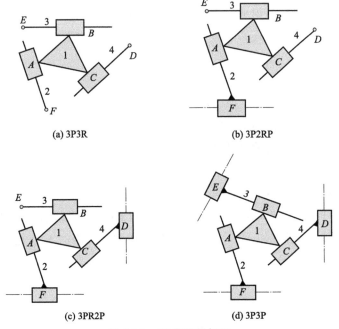

(a) 3P3R

(b) 3P2RP

(c) 3PR2P

(d) 3P3P

图 5-12 3P 类Ⅲ级杆组

其中，图 5-9(a)、(b)、(c) 应用较多，3R3R 类型的Ⅲ级杆组应用最广泛（前面 3R 表示内接副，后面的 3R 表示外接副）。

在 2RP 类（指三个内接副）Ⅲ级杆组中，图 5-10(c)、(d) 应用较少。

在 R2P 类（指三个内接副）Ⅲ级杆组中，图 5-11(a) 所示的 R2P3R 有广泛的应用。

图 5-12 所示的 3P 类Ⅲ级杆组中，3P3R 有所应用，其余杆组很少应用。

由Ⅲ级杆组组成的机构，在工程中应用不多，但由于Ⅲ级机构有其独特的运动学和动力学特性，同时随着Ⅲ级机构的综合方法、运动分析和受力分析方法的完善，人们正在重新认识Ⅲ级机构的应用。

5.2.3　机构组成原理与机构创新设计

（1）机构组成原理

把基本杆组依次连接到原动件和机架上，可以组成新机构。或者说，任何机构都是通过把基本杆组依次连接到原动件和机架上组成的，这就是机构的组成原理。机构组合原理为创新设计一系列的新机构提供了明确的途径。

机构组成原理也可以拓展到多自由度的机构组成分析，把基本杆组直接连接到原动件上，也能得到多自由度的新机构。如把 RRR 型Ⅱ级杆组直接连接到两个原动件上，可得到两自由度的五杆机构。

（2）机构组成原理与机构创新

利用机构组成原理进行机构创新设计的途径是：把前述的各种Ⅱ级杆组或Ⅲ级杆组连接到原动件和机架上，可以组成基本机构；再把各种Ⅱ级杆组和Ⅲ级杆组连接到基本机构的从动件上，可以组成复杂的机构系统。以此类推，可以组成各种各样的、能实现不同功能目标的新机构。可见，利用机构的组成原理进行机构创新设计，概念清楚、方法简单、可操作性好，但真正要满足功能要求，还必须进行尺度综合。所以，这种方法还是处于机构运动方案的创新设计范畴。

5.2.4　创新设计示例

工程中常见的原动机大都为电动机，也就是说，机构中的原动件以作定轴转动为主，以下设计示例即是以作定轴转动的原动件为主。

（1）连接Ⅱ级杆组

下面仅以常见的Ⅱ级杆组为例说明。

① 连接 RRR 杆组　图 5-13（a）所示为原动件和 RRR 型Ⅱ级杆组。图 5-13（b）所示为铰链四杆机构 $ABCD$。在图 5-13（c）中，Ⅱ级杆组中的外接副的 E 点连接到连架杆 DC 上，

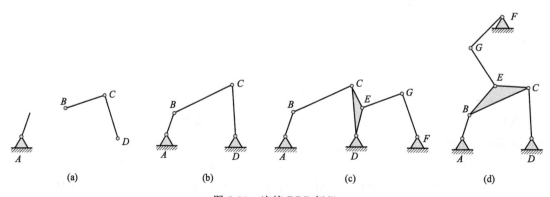

(a)　　　　　　　(b)　　　　　　　(c)　　　　　　　(d)

图 5-13　连接 RRR 杆组

具体位置可通过机构尺度综合来确定；图 5-13(d) 中，Ⅱ级杆组中的外接副连接到连杆 BC 上的 E 点和机架上，具体位置也要通过机构综合来确定。

②　连接 RRP 型杆组　在原动件 AB 的基础上，连接 RRP 杆组时的组合示例如图 5-14 所示。

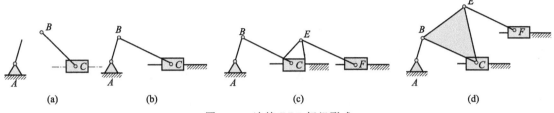

图 5-14　连接 RRP 杆组形式

Ⅱ级杆组 EF 中的 E 点可以连接到滑块上，具体位置可通过机构尺度综合来确定；Ⅱ级杆组中的 E 点也可连接到连杆上，具体位置也要通过机构综合来确定。

③　连接 RPR 型杆组　把 RPR 型杆组的一个外接副 B 连接到原动件上，另一个外接副连接到机架上，如图 5-15(b) 所示，可产生往复摆动的运动方式。转动副 C 与机架的相对位置决定摆杆的转动角度。

在这个基本机构上，还可以不断连接Ⅱ级杆组，如连接 RRP 型Ⅱ级杆组，则得到图 5-15(d) 所示的典型的牛头刨机构。

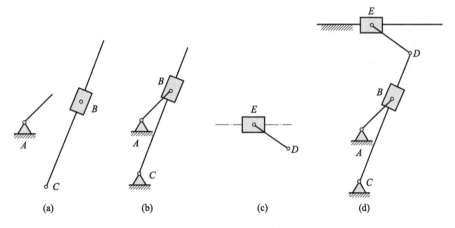

图 5-15　连接 RPR 和 RRP 杆组形式

④　RRR 与 RRP 杆组的混合连接　图 5-16 所示机构为在铰链四杆机构的基础上连接 RRP 杆组和在曲柄滑块机构的基础上连接 RRR 杆组的示意图。

⑤　连接 RPP 型杆组　RPP 杆组也是组成机构的常用杆组，具体组合方式如图 5-17 所示。

把 RPP 杆组中的外接 R 副与原动件连接，可得到投影图 5-17(a) 所示的正弦机构，把 RPP 杆组中的外接 P 副与原动件连接，可得到图 5-17(b) 所示的正切机构。

Ⅱ级杆组的形状变异类型很多，杆组连接法为机构创新设计提供了明确的方向。

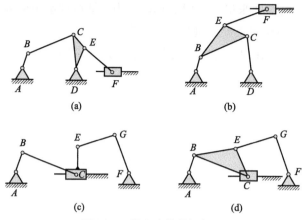

图 5-16 混合连接Ⅱ级杆组

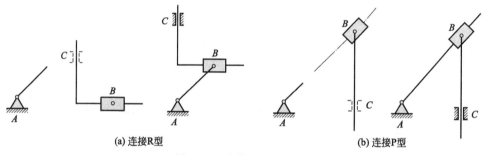

(a) 连接R型   (b) 连接P型

图 5-17 连接 RPP 型杆组

（2）连接Ⅲ级杆组

由Ⅲ级杆组组成的Ⅲ级机构在工程中应用相对较少，这里仅做简单介绍。

图 5-18 所示的机构为连接 3R3R 和 3R2RP 型Ⅲ级杆组组成的机构示意图。如 3R3R 型

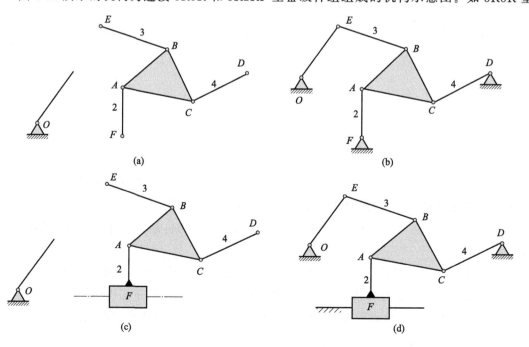

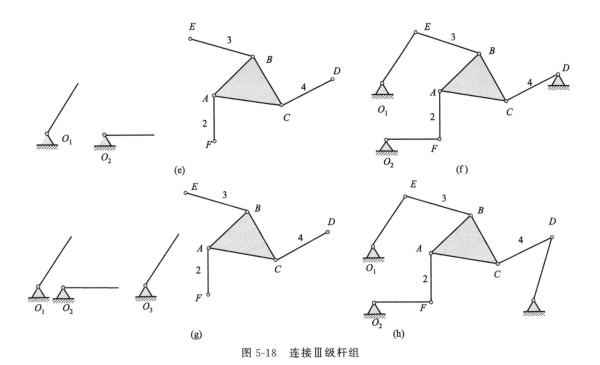

图 5-18　连接Ⅲ级杆组

Ⅲ级杆组的一个外接副 *E* 与原动件连接，其余外接副与机架连接，得到图 5-18（b）所示的Ⅲ级机构。如果其中的一个外接副为移动副，则可得到图 5-18（d）所示的Ⅲ级机构。按照上述基本原理，可与许多Ⅲ级杆组组成各种新机构。

如 3R3RⅢ级杆组连接到两个原动件和机架上，如图 5-18（e）所示，可得到图 5-18（f）所示的二自由度Ⅲ级机构。

如 3R3RⅢ级杆组直接连接到三个原动件上，如图 5-18（g）所示，可得到图 5-18（h）所示的三自由度的Ⅲ级机构。该机构在机器人领域称为并联机构。

5.2.5　利用机构组成原理进行机构创新设计的基本思路

利用这种方法进行机构运动方案的创新设计时，可遵循下列基本原则。

① Ⅱ级机构的综合方法、分析方法已经成熟，可优先考虑采用Ⅱ级杆组进行机构的组合设计。

② 掌握Ⅱ级杆组的 6 种基本形式，学会Ⅱ级杆组的变异设计，如图 5-8（b）～（e）右侧所示仅是杆组变异的几种简单形式。

③ Ⅱ级杆组的一个外接副连接活动构件，另一个外接副连接机架，可获得单自由度的机构。

④ 根据机构输出运动的方式选择杆组类型。输出运动为转动或摆动时，可优先选择带有两个以上转动副的杆组，如 RRR、RPR、PRR 等杆组；输出运动为移动时，可优先选择带有移动副的杆组，如 RRP、PRP、RPP 等杆组，RPR 杆组也能实现移动到摆动的运动变换。

⑤ 连接杆组法只能实现机构化运动方案的创新设计，实现具体的机构功能要求还需进

行机构的尺度综合。综合过程与杆组的连接位置的确定有时需要反复进行，才能得到满意的设计结果。

⑥ 连杆杆组法也适合齿轮、凸轮等其他机构的组合设计。图 5-19 所示的行星轮系中，通过合理选择齿数 z_1、z_2，可生成任意行星曲线。

⑦ 基本杆组的外接副也可直接连接到原动件上，此时可获得多自由度的机构。

机构的组成原理为创新设计新机构提供了明确的方向，可操作性好，是机构创新设计的重要方法之一。只要掌握杆组的基本概念、分类、杆组的变异以及连接方法，再辅以创造性的思维，就为机构创新设计奠定了良好的基础。

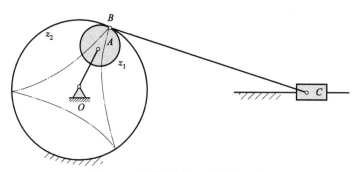

图 5-19　连接 II 级杆组的齿轮机构

5.3　机构组合方式分析

5.3.1　机构的串联组合

在机构组合系统中，若前一级子机构的输出构件即为后一级子机构的输入构件，则这种组合方式称为串联式组合。

如图 5-20(a) 所示的机构就是这种组合方式的一个例子。图中构件 1-2-5 组成凸轮机构（子机构 I），构件 2-3-4-5 组成曲柄滑块机构（子机构 II），构件 2 是凸轮机构的从动件，同时又是曲柄滑块机构的主动件。原动件为凸轮 1，凸轮机构的滚子摆动从动件 2 与摇杆滑块机构的输入件 2 固连，输入运动 ω_1 经过两套基本机构的串联组合，由滑块 4 输出运动。图 5-20(b) 所示为串联式机构组合方式分析框图。

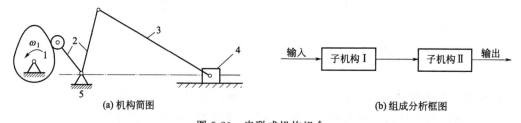

(a) 机构简图　　　　　　　　　　　　　　(b) 组成分析框图

图 5-20　串联式机构组合

1—凸轮；2—摆动从动件；3—连杆；4—滑块；5—机架

由上述分析可知，串联式组合所形成的机构系统，其分析和综合的方法均比较简单。其分析的顺序是：按框图由左向右进行，即先分析运动已知的基本机构，再分析与其串联的下一个基本机构。而其设计的次序则刚好反过来，按框图由右向左进行，即先根据工作对输出构件的运动要求设计后一个基本机构，然后再设计前一个基本机构。

5.3.2　机构的并联组合

在机构组合系统中，若几个子系统共用同一个输入构件，而它们的输出运动又同时输入给一个多自由度的子机构，从而形成一个自由度为 1 的机构系统，则这种组合方式称为并联式组合。

如图 5-21(a) 所示的双色胶版印刷机中的接纸机构就是这种组合方式的一个实例。图中凸轮 1 和 1′ 是一个构件，目的是实现不同的运动轨迹，当凸轮转动时，两个不同轮廓的凸轮 1 和凸轮 1′ 同时带动四杆机构 $ABCD$（子机构Ⅰ）和四杆机构 $GHKM$（子机构Ⅱ）运动，而这两个四杆机构的输出运动又同时传给五杆机构 $DEFNM$（子机构Ⅲ），从而使其连杆 9 上的 P 点描绘出一条工作所需求的运动轨迹。图 5-21(b) 所示为并联式组合方式分析框图。

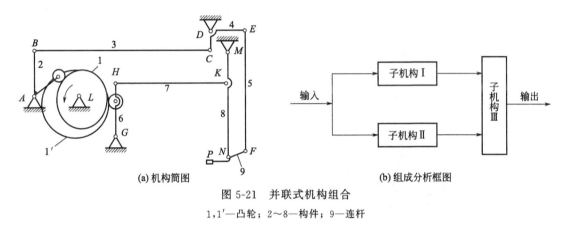

(a) 机构简图　　　　　　　　　　(b) 组成分析框图

图 5-21　并联式机构组合

1,1′—凸轮；2～8—构件；9—连杆

5.3.3　机构的叠加组合

将一个机构安装在另一个机构的某个运动构件上，即可组成叠加组合机构。其输出运动是各机构输出运动的合成。这种机构的运动关系有两种情况：一种是各机构的运动是互相独立的，称为运动独立式；另一种称为运动相关式，其各组成机构的运动相互间有一定影响，如摇头电风扇，如图 5-22 所示。

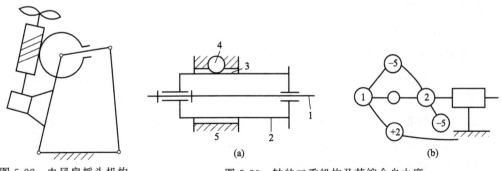

图 5-22　电风扇摇头机构　　　　　　图 5-23　轴的二重机构及其综合自由度

1—轴；2—套筒；3—齿条；4—齿轮；5—机架

图 5-23(a) 中轴 1 相对于套筒只有绕其本身轴线转动的一个自由度。图 5-23(b) 中 1 与 2 之间的 "－5" 表示约束了 5 个自由度,套筒 2 对于机架 5 由于齿轮齿条的作用,二者之间只有沿套筒 2 轴线运动的一个自由度,图中也用 "－5" 表示。因此轴 1 对于机架 5 有两种自由度——沿本身的轴线移动和绕其本身轴线转动,图中用 "＋2" 表示。这一组合机构具有各基本机构的特性,轴 1 的运动是两种运动的合成。

5.3.4　机构的反馈组合

在机构组合系统中,若其多自由度子机构的一个输入运动是通过单自由度子机构从该多自由度子机构的输出构件回授的,则这种组合方式称为反馈式组合。

图 5-24(a) 所示的精密滚齿机中的分度校正机构就是这种组合方式的一个实例。图中蜗杆 1 除了可绕本身的轴线转动外,还可以沿轴向移动,它和蜗轮 2 及机架 4 组成一个自由度为 2 的蜗杆蜗轮机构 (子机构 I);槽凸轮 2′ 和推杆 3 及机架 4 组成自由度为 1 的移动滚子从动件盘形凸轮机构 (子机构 II)。其中蜗杆 1 为主动件,凸轮 2′ 和蜗轮 2 为一个构件。蜗杆 1 的一个输入运动 (沿轴线方向的移动) 就是通过凸轮机构从蜗轮 2 回授的。图 5-24(b) 所示为反馈式组合方式分析框图。

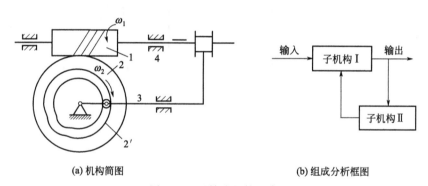

(a) 机构简图　　　　　　　　　　　(b) 组成分析框图

图 5-24　反馈式机构组合

1—蜗杆;2—蜗轮;2′—凸轮;3—推杆;4—机架

5.3.5　机构的复合组合

在机构组合系统中,若由一个或几个串联的基本机构去封闭一个具有两个或多个自由度的基本机构,则这种组合方式称为复合式组合。

在这种组合方式中,各基本机构有机连接,互相依存,它与串联式组合和并联式组合都既有共同之处,又有不同之处。

如图 5-25(a) 所示的凸轮-连杆组合机构,就是复合式组合方式的一个例子。图中构件 1、4、5 组成自由度为 1 的凸轮机构 (子机构 I),构件 1、2、3、4、5 组成自由度为 2 的五杆机构 (子机构 II)。当构件 1 为主动件时,C 点的运动是构件 1 和构件 4 运动的合成。

与串联式组合相比,其相同之处在于子机构 I 和子机构 II 的组成关系也是串联,不同的是,子机构 II 的输入运动并不完全是子机构 I 的输出运动。

与并联式组合相比,其相同之处在于 C 点的输出运动也是两个输入运动的合成,不同的是，这两个输入运动一个来自子机构Ⅰ，而另一个来自主动件。图 5-25(b) 所示为复合式组合方式分析框图。

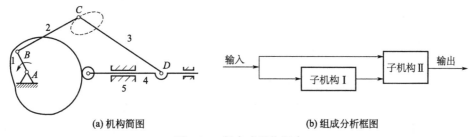

(a) 机构简图   (b) 组成分析框图

图 5-25 复合式机构组合

组合机构可以是同类基本机构的组合，也可以是不同类型基本机构的组合。通常由不同类型的基本机构所组成的组合机构用得最多，因为它更有利于充分发挥各基本机构的特长和克服各基本机构固有的局限性。在组合机构中，自由度大于 1 的差动机构称为组合机构的基础机构，而自由度为 1 的基本机构称为组合机构的附加机构。

5.4 组合机构创新设计图例

5.4.1 实现从动件两次动程六杆机构创新设计图例

图 5-26 所示为一个六杆机构。$BCDE$ 组成一个四杆机构，BC 是主动曲柄，在连杆 CD 上固接着一个杆，杆端 A 连接着杆 AF，铰链 F 与滑块相连。曲柄转动一周，连杆上点 A 的轨迹如图 5-26 中虚线所示，为 8 字形的曲线，当主动曲柄旋转一周时滑块往复运动两次。

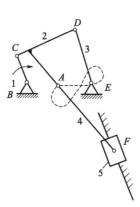

图 5-26 实现从动件两次动程的六杆机构

1—主动曲柄；2—连杆；3—从动曲柄；4—杆；5—滑块

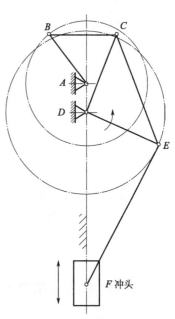

图 5-27 冲床双曲柄机构

5.4.2　冲床双曲柄机构创新设计图例

冲床双曲柄机构如图 5-27 所示，B 点走过的轨迹是一个圆弧，DC、DE 杆长相等，DC、DE、CE 三杆焊接为一个固定的三角架。

该冲床双曲柄机构也可以看成是由两个四杆机构组成。第一个是由主动曲柄 AB、连杆 BC、从动曲柄 DC 和机架 AD 组成的双曲柄机构；第二个是由曲柄 DE（主动件）、连杆 EF、滑块（冲头）和机架 DF 组成的曲柄滑块机构。

该机构的运动过程为：主动件曲柄 AB 匀速回转，从动曲柄 DC（或 DE）变速回转。通过连在从动曲柄上的 E 点带动冲头 F 上下移动工作。由于曲柄 DE 是变速回转，所以冲床双曲柄机构具有急回运动特性。

5.4.3　回转半径不同的曲柄联动机构创新设计图例

如图 5-28 所示，该机构设有一个与两个曲柄机构轴心连线相平行的导向槽，滑块 4 与该导向槽相配合。连杆 3 把两个曲柄与上述滑块连在一起，连杆 3 通过轴 B 固定在滑块 4 上，并能自如摆动。连杆上部借助轴 A 与小曲柄轮 2 直接相连，而连杆的下端则通过连接杆并借助轴 D 与大曲柄轮 6 相连，图中 1 为机架。

设两个曲柄机构的轴心距离为 L，只要选定连杆的中点 B，即 $AB = BC = \frac{1}{2}L$，那么，由于连接杆的作用，就可使半径不同（如 $R_0 < R_1$）的两个曲柄机构同时运动而不产生干涉。连接杆的长度可以任意选定。整个机构的速度比是相等的，但瞬时角速度不同。

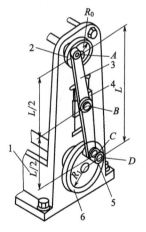

图 5-28　回转半径不同的曲柄联动机构

1—机架；2—小曲柄轮；3—连杆；
4—滑块；5—导向槽；6—大曲柄轮

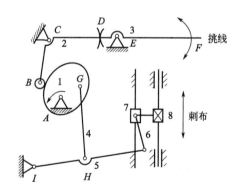

图 5-29　绣花机挑线刺布机构简图

1—驱动凸轮；2—挑线驱动杆；3—挑线杆；
4～6—连杆；7—滑块；8—针杆

5.4.4　绣花机挑线刺布机构创新设计图例

本实例以上海协昌公司电脑多头绣花机为例，介绍机构的组合创新。该机是引进日本的刺绣机技术研制的 GY4-1 型电脑多头绣花机，要在竞争激烈的国际市场中取胜，就要求应用创新设计方法，设计出新型的、具有特色的挑线刺布机构。

图 5-29 所示为绣花机挑线刺布机构简图，该机构使用一个单自由度凸轮-齿轮-连杆机构，属于机构组合，它可以分解成挑线机构和刺布机构。

挑线机构主要由驱动凸轮 1、挑线驱动杆 2、挑线杆 3 组成，其中挑线杆 3 是执行件，F 是挑线孔，杆 2 和杆 3 通过一对扇形齿轮相连，这对扇形齿轮主要是起换线作用。刺布机构为曲柄摇杆滑块机构，主要由驱动凸轮 1、连杆 4、连杆 5、连杆 6 和滑块 7 组成，其中滑块 7 上装有针杆传动块，在手控或直动电磁控制下能离合针杆 8，为简便起见，将滑块 7 看作是执行件针杆。

由此机构可以归纳创新设计思路，原始机构申请专利是建立在挑线机构使用凸轮机构的基础上，因此在设计中尽量避免使用凸轮机构。凸轮-齿轮-连杆机构实现挑线功能，凸轮-曲柄-摇杆-滑块机构实现刺布功能，可以将家用缝纫机的原理与此机构结合，得到两类机构的本体知识。挑线机构可以设计为四连杆机构，或者六杆齿轮机构，也可用空间凸轮实现，如图 5-30 所示。考虑到高速和耐磨性，挑线机构六杆齿轮机构和四杆齿轮机构稍逊于原始机构，但连杆机构比凸轮机构节省成本，也可选用。

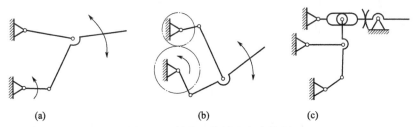

(a)　　　　　　　　(b)　　　　　　　　(c)

图 5-30　挑线机构被选方案简图

刺布机构可以用曲柄摇杆滑块机构，或者曲柄摇杆齿轮齿槽机构，或者正弦机构实现，如图 5-31 所示。刺布机构凸轮和机构六杆滑块机构较优。

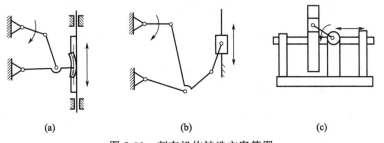

(a)　　　　　　　　(b)　　　　　　　　(c)

图 5-31　刺布机构被选方案简图

对原始机构进行分析，还可得知机架是一个具有最多副数的杆；齿轮副起到换线作用，在一般运动链中用一对串联的二副杆来表示，组成齿轮副的一对齿轮必须与机架相邻，并且由于主动齿轮作非匀速转动，它不能作为整个机构的原动件；原动件应该是个三杆副，并且与机架相邻。创新设计过程中要根据这些约束对原始机构进行改进设计，在设计过程中尽量减少改动量，甚至保持原始的安装孔的位置，保证机构的运动性能。

将挑线机构与刺布机构组合，得到新的挑线刺布机构，如图 5-32 所示。

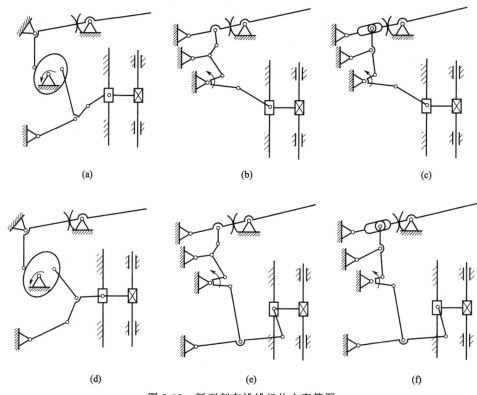

图 5-32 新型刺布挑线机构方案简图

从图中可以看出，几种机构方案组合并不是都可行，挑线刺布机构要求占用空间较小，并且机架上 A、C、E、I 位置不能变，如图 5-29 所示，滑块 7 的导杆位置也不可变。因此图 5-32(b)、(c) 所示创新机构中的刺布机构是偏心曲柄滑块机构，并且偏心距较大，会使刺布机构的运动和动力性能较差。图 5-32(a)、(d) 机构仍含有凸轮，并且比原始机构复杂，实现起来比较困难。图 5-32(e)、(f) 所示的刺布机构中结构和参数不变，在挑线机构中用连杆机构代替凸轮机构，降低了制造成本。另外图 5-32(f) 所示机构比图 5-32(e) 所示机构节省空间，也容易实现，所以方案选定图 5-32(f)。

5.4.5 天线测试转台创新设计图例

天线测试转台是用来对天线的指向、增益、波瓣宽度、副瓣电平等性能参数进行测试的主要设备之一。可以为天线提供几种运动，并通过测角元件给出天线的位置信号。

图 5-33 所示为天线测试转台传动系统简图。该转台系统主要由三套传动装置组成：第一套是由极化驱动电机 1，同步齿形带轮 2、3，内齿轮传动齿轮 6、7，摆线针轮行星齿轮传动摆线轮 4，针轮 5，极化旋转变压器 8 组成，使安装在转盘上的被测天线绕极化轴转动。第二套是由俯仰驱动电机 9，同步齿形带轮 10、11，摆线轮 12，针轮 13，齿轮 14、15，扇形齿轮传动齿轮 16，齿扇 17，俯仰旋转变压器 18 组成，俯仰轴通过联轴器使俯仰旋转变压器转动，使天线作俯仰运动。第三套是由方位驱动电机 19，同步齿形带轮 20、21，摆线轮 22，针轮 23，齿轮 24、25，方位旋转变压器 26 组成，使天线作方位运动，方位轴通过联轴

器使方位旋转变压器转动。另外，转动螺套 28，通过螺旋传动，可使天线绕垂直轴转动。

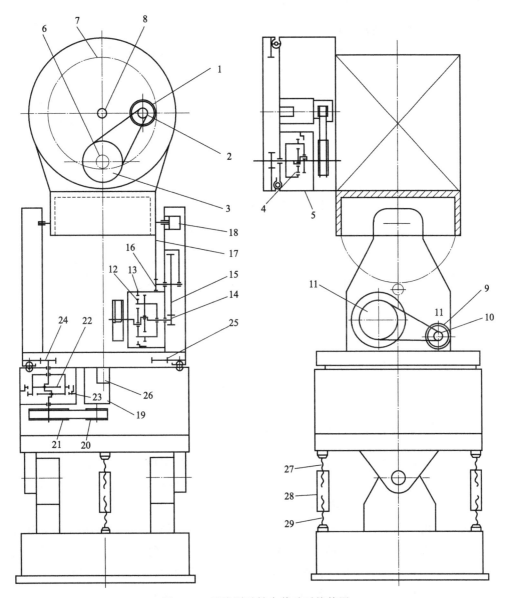

图 5-33　天线测试转台传动系统简图

1—极化驱动电机；2,3,10,11,20,21—同步齿形带轮；4,12,22—摆线轮；5,13,23—针轮；

6,7—内齿轮传动齿轮；8—极化旋转变压器；9—俯仰驱动电机；14,15,24,25—齿轮；

16—扇形齿轮传动齿轮；17—齿扇；18—俯仰旋转变压器；19—方位驱动电机；26—方位旋转变压器；

27,29—螺杆；28—螺套

　　三套传动装置组合一起完成极化转台、俯仰转台、方位转台和基座倾角调整等多自由度运动任务。天线测试转台架设在调平基座上，工作在野外露天环境中。工作时，被测天线安装（或通过支架安装）在极化转台的转盘上。在伺服系统的控制下，天线以所需要的转速绕极化轴、俯仰轴和方位轴转动。倾角可调基座可用来调整被测天线的倾斜角，使它与设置在远处高塔上的发射天线对准。

5.4.6 包装盒子顶封盖机构创新设计图例

如图 5-34 所示的包装盒，1、2 是固定模板，3、4、5 是包装盒翻盖，6 是滚轮。如果包装盒不动，要设计一台能将盒端翻盖 3、4、5 翻向盒体，并自动将盒封好的机构不是一件容易的事。但如果让包装盒运动起来，则只需将封装机构设计成如图 5-34 所示的两对固定在机器上的靠模板就行了。当包装盒运动时，第一对模板将纸盒上翻盖 3 折向盒体，第二对模板依次将纸盒上翻盖 4、5 折向盒体。在翻盖 5 经过滚轮 6 时为其涂上胶水，则整个纸盒就包装好了。

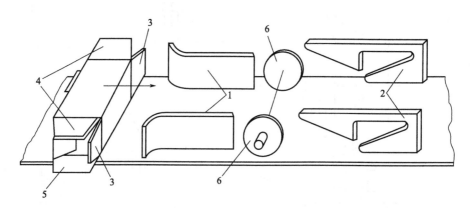

图 5-34   包装盒自动封盖机构

1,2—固定模板；3~5—包装盒翻盖；6—滚轮

5.4.7 自动包装机创新设计图例

让工件相对于机架运动，通过对机架形状的巧妙设计来实现一些复杂的工艺动作，这在自动流水生产线上广泛地被采用。如图 5-35 所示的自动包装机，1 是薄膜卷，2 是漏斗状靠模，3 是热压辊，4 是间歇运动封底热压辊，5 是剪切机构。当机器工作时，包装薄膜从卷筒 1 上被连续拉出，薄膜在移动过程中，固定的漏斗形靠模板将平整的薄膜挤压对折成筒状，在通过热压辊 3 后，对折的两薄膜边被压合形成薄膜筒。薄膜筒继续向下运动，间歇运动的热压辊 4 定时对薄膜筒横压一次形成包装袋底，与此同时，一定量的被包装物经漏斗 2 被送入包装袋中。装有物料的薄膜筒继续下移，热压辊 4 在压制另一个包装袋底的同时，将装有包装物的袋口封好，包装完成的产品在后续运动中由剪切机构 5 将其剪下，从而完成了从制袋、填料到封口的自动化生产流程。

5.4.8 浮动盘式等速输出机构创新设计图例

如图 5-36 所示浮动盘式等速输出机构可以看成是将十字滑块联轴器 1 中的带转动副的移动副用销槽副替代而得到的。销子可以在槽中既滑动又转动，但单销却不能像滑块那样传递运动和转矩。因此，设计者在行星轮上安装了 4 只销子来驱动十字槽浮动盘转动并输出转矩。十字槽浮动盘联轴器是十字滑块联轴器的同型异形机构，是一种适用于低速的新颖的等速输出机构。

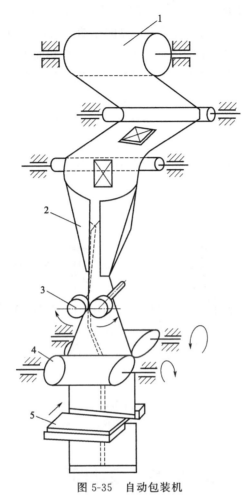

图 5-35　自动包装机

1—薄膜卷；2—漏斗状靠模；3—热压辊；4—间歇运动封底热压辊；5—剪切机构

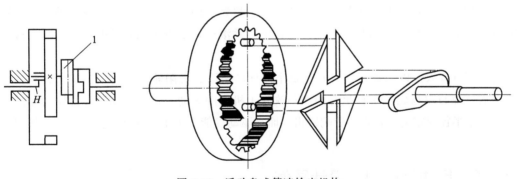

图 5-36　浮动盘式等速输出机构

1—十字滑块联轴器；H—系杆

5.4.9　钢球直槽式等速输出机构创新设计图例

按照相同的构思，将图 5-36 所示销槽式等速输出机构中的销-槽高副用球-圆柱曲面高副替代就得到了图 5-37 所示钢球直槽式等速输出机构。图中，1 是行星轮盘，2 是中间圆盘，3 是输出圆盘。在行星轮盘的右端面与输出圆盘的左端面上，分别对应地加工四条平行的安置钢球的直凹槽，其中一个端面上的槽全部水平，另一个端面上的槽全部竖直。此外，再制作一个中间圆盘，该圆盘的两面各有四条直凹槽与两端面的直凹槽对应，将三圆盘叠合，并在对应的凹槽中分别置入 8 个钢球，就构成了钢球直槽等速输出机构。该机构的工作原理与十字滑块联轴器的工作原理完全一样，只是这里用滚动副代替了原来的移动副，因此，机构运动副的摩擦小，传动效率较高。由于中间圆盘是浮动的，减少了机构中的多余约束，机构的自适应能力增强，传动更加平稳。由于机构中各运动副元素的间隙可以轴向调节，因此，机构运动回差小，传动精度高。

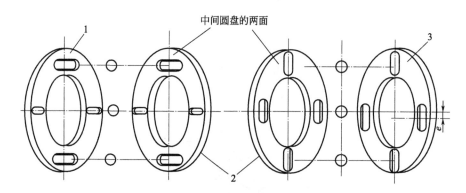

图 5-37　钢球直槽式等速输出机构
1—行星轮盘；2—中间圆盘；3—输出圆盘

5.4.10　凸轮控制的行星轮系创新设计图例

在新型机构中设计一个带凹槽的凸轮，可以产生变化范围较大的输出运动。

因为行星齿轮不允许作整圈的旋转，所以行星齿轮不必是整圈加工出轮齿，仅加工一个扇形齿轮即可。太阳轮和输出齿轮是一体的。行星臂被固定到输入轴上，输入轴与输出轴是同轴的。安装在行星轮上的是随动滚子，这个随动滚子被安放于凸轮的凹槽中。凸轮被固定在机架上。

行星臂（输入）以匀速转动，并且每个周期转一圈。太阳轮（输出）在每个周期也转一圈。然后，靠行星齿轮相对行星臂的摆动改变了机构的运动。这种运动是靠凸轮的控制来完成的（一个半径固定的凸轮将不影响输出，而且驱动仅能产生 1：1 的固定传动比），如图 5-38 所示。

5.4.11　传动机构创新设计图例

图 5-39 所示机构为组合机构，由圆锥齿轮机构、连杆机构及齿轮齿条机构组成，主体机构为圆锥齿轮机构。圆锥齿轮 1 为主动件，通过齿轮 2 及其固连的曲柄 3、连杆 4 可推动装有齿轮的推板 5 沿固定齿条 6 往复移动，实现传送动作，该机构可以实现较大行程运动。

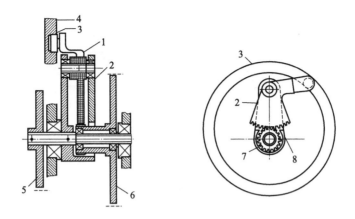

图 5-38　凸轮控制的行星轮系

1—行星齿轮；2—行星臂；3—凸轮凹槽；4—固定在机架上的凸轮；5—输入齿轮；
6—输出齿轮；7—输入太阳轮；8—输出行星臂

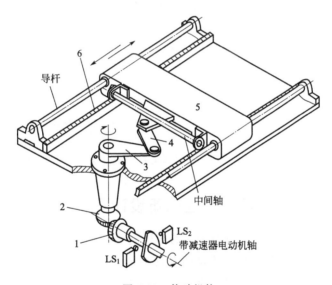

图 5-39　传动机构

1—圆锥齿轮；2—齿轮；3—曲柄；4—连杆；5—推板；6—固定齿条

5.4.12　送纸包装联动光电控制自动停车装置创新设计图例

图 5-40 所示为送纸包装联动光电控制自动停车机构，由螺旋机构、曲柄滑块机构、齿轮齿条机构及双摇杆机构组合而成，其工作原理如下：12 为水银开关，6 为光电开关，8 为光源，构件 2 上有线圈，当线圈中通电时，构件 2 和衔铁 3 吸合，组成长度不变的连杆；断电时，构件 2、3 可相对伸缩，可调长度的曲柄 1 虽继续转动，但连接包装系统的齿条 4 和齿轮 5 仍保持不动。如果包装纸 7 或被包装物 10 中有一个没有被送到包装位置，则水银开关 12 或光电开关 6 中就有一个没有闭合，线圈中则无电，包装系统停止工作。

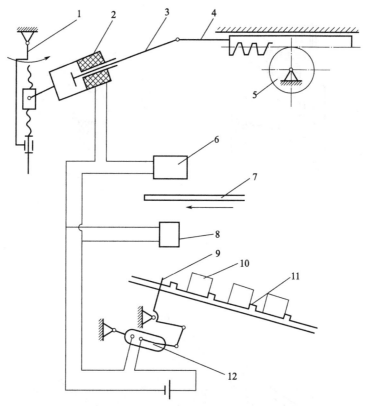

图 5-40　送纸包装联动光电控制自动停车装置

1—曲柄；2—构件；3—衔铁；4—齿条；5—齿轮；6—光电开关；7—包装纸；

8—光源；9—摇杆；10—被包装物；11—输送杆；12—水银开关

5.4.13　槽轮机构改善运动特性创新设计图例

　　槽轮机构用于转位或分度机构，但是它的角速度变化较大，角加速度达到较大的数值。图 5-41(a) 所示为在普通槽轮机构的主动拨盘前面加装一个双曲柄机构 $ABCD$，若主动曲柄 AB 等速转动，则设计双曲柄机构 $ABCD$，使其从动件 CD（即主动拨盘 DE）以变速转动，其结果可以减小槽轮转速的不均匀性。图 5-41(b) 所示为增加连杆机构以后，对改善槽轮动力学性能的作用。

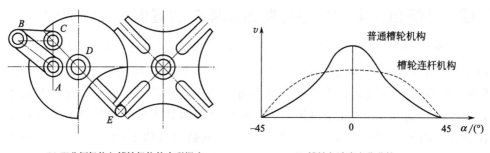

(a) 双曲柄机构与槽轮机构的串联组合　　　　　(b) 槽轮角速度变化曲线

图 5-41　串联机构改善槽轮机构的运动特性

5.4.14　蜂窝煤机创新设计图例

图 5-42(a) 所示为蜂窝煤机，构件 1 为曲柄，构件 2 为连杆，构件 3 为滑梁，构件 4 为脱模盘，构件 5 为冲头，构件 6 为模筒转盘，构件 7 是机架。其中冲头 5 和脱模盘 4 都与上下移动的滑梁 3 连成一体。构件 1、构件 2、滑梁 3（脱模盘 4、冲头 5）和机架 7 构成偏置曲柄滑块机构。由图 5-42(b) 所示动力经由带传动输送给齿轮机构，齿轮 1 整周转动，通过连杆 2 使滑梁 3 上下移动，在滑梁下冲时冲头 5 将煤粉压成蜂窝煤，脱模盘 4 将已压成的蜂窝煤脱模。图 5-42(c) 为其原理图。

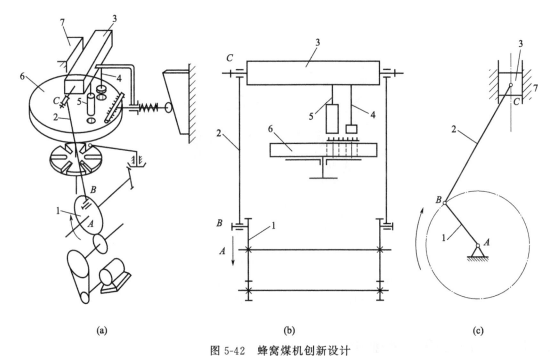

(a)　　　　　　　　　　　(b)　　　　　　　　　　　(c)

图 5-42　蜂窝煤机创新设计

1—曲柄；2—连杆；3—滑梁；4—脱模盘；5—冲头；6—模筒转盘；7—机架

5.4.15　曲柄垂直运动机构创新设计图例

如图 5-43 所示，机构是使连杆下端 C 点完成垂直运动的曲柄连杆机构。

6 为连接杆 X，其一端与连杆 4 的下端相连，另一端与滑块 1 相连，滑块可在滑动导轨 2 中沿水平方向滑动。此外，在曲柄轮 3 的轴 A 的正下方设一个固定支点 D，再将 5 连接杆 Y 的一端连在 D 点，另一端与连接杆 X 上的 E 点相连。当 $EC = FC/2 = ED$ 时，则随着曲柄轮的旋转，连杆下端点 C 就作上下垂直运动。

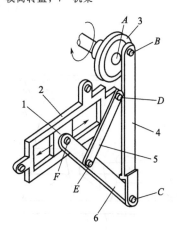

图 5-43　曲柄垂直运动机构

1—滑块；2—滑动导轨；3—曲柄轮；

4—连杆；5,6—连接杆

5.4.16 步进送料机构创新设计图例

如图 5-44 所示水平滑板步进送料机构，采用了导杆机构，输送杆 4 由 L 形连杆 5 连接在水平滑板 2 上，当水平滑板沿导轨 7 从左向右滑动时，L 形连杆倾倒在 9 挡块 B 上，当水平滑板从右向左滑动时，L 形连杆升起并靠到 8 挡块 A 上。这样，随着水平滑板的运动，输送杆就按图示的轨迹运动，将零件 3 按需要输送。图中 1 为驱动轴，10 为驱动臂，11 为曲柄轮。

由于水平滑板只需要进行左右滑动，所以，如果在驱动中采用快速退回机构，就能缩短输送杆返回时间。

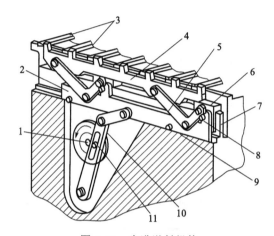

图 5-44　步进送料机构

1—曲柄轴；2,6—水平滑板；3—零件；4—输送杆；5—L 形连杆；

7—导轨；8,9—挡块；10—驱动臂；11—曲柄轮

5.4.17 抽油机增量创新设计图例

图 5-45 所示为六杆增量式抽油机机构。此机构由两个四杆机构组成，曲柄 1、连杆 2、

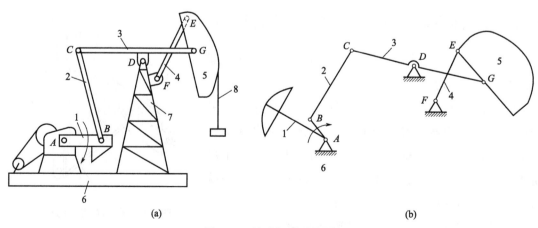

(a)　　　　　　　　　　　　　　　(b)

图 5-45　抽油机增量设计

1—曲柄；2—连杆；3—游梁；4—摆杆；5—驴头；6—底座；7—支架；8—悬绳器

游梁 3 和底座 6（支架 7 与底座 6 连为一体）构成曲柄摇杆机构；游梁 3、摆杆 4、驴头 5 和支架 7（底座 6）构成交叉双摇杆机构。动力由机构前部的带传动传递给曲柄 1，曲柄 1 为主动件通过连杆 2 带动游梁绕铰链 D 摆动，配合摆杆 4 使驴头作平面复杂运动，从而完成抽油工作。

5.4.18　假肢膝关节创新设计图例

如图 5-46 所示机构是为过膝盖断腿的人设计的整体膝盖机构，此机构复现大腿骨 4 与胫骨即假腿构件 1 之间的相对转动中心的移动轨迹，以保持行走的稳定性。图 5-46（b）为 0°弯曲即伸直位置。图 5-46（c）为 90°弯曲位置。图 5-46（a）为其机构示意图。由两个双摇杆机构组成，构件 1、2、5、6 构成双摇杆机构，构件 2、3、4、5 构成双摇杆机构。其中构件 2 为主动件，大腿骨 4 为从动件输出运动。

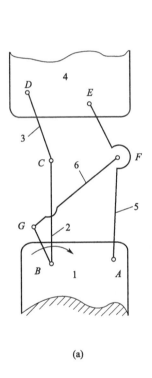
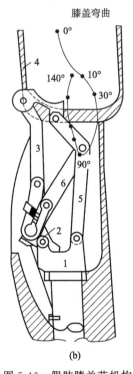
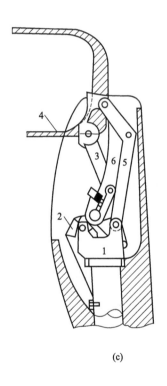

(a)　　　　　　　　　(b)　　　　　　　　　(c)

图 5-46　假肢膝关节机构

1～3,5,6—构件；4—大腿骨

5.4.19　飞剪机创新设计图例

图 5-47 所示为飞剪机创新机构，它是七杆机构。当主动曲柄 1 绕 G 点转动时，GH 带动龙门剪架 4 上下左右摆动，GA 经小连杆 2 带动下剪架滑座 3 沿龙门剪架 4 上下移动，从而使装于剪架 4 的上剪刃及装于滑座 3 的下剪刃开启与闭合。同时，曲柄 6 绕 F 点转动，经连杆 5 带动龙门剪架 4 绕 H 点摆动，以保证上下剪刃在剪切时与工件同速水平移动，即实现同步剪切。此外，将下剪刃与滑座 3 做成可分离的，当调整为 GA 转两周滑座只上推下剪刃一次并完成剪切时，则空切一次，亦即剪切工件长度为原来定长的 2 倍。

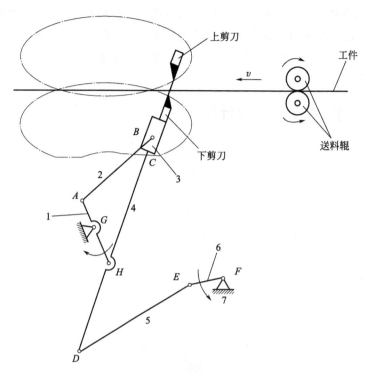

图 5-47　飞剪机创新机构

1—主动曲柄；2—小连杆；3—滑座；4—龙门剪架；5—连杆；6—曲柄；7—机架

5.4.20　可调停歇时间八杆机构创新设计图例

如图 5-48 所示的可调机构是由曲柄摇杆机构 A_0ABB_0 和后接四杆机构 $B_0B'CC_0$ 以及双杆组 $EF\text{-}FF_0$ 所组成的八杆机构，曲柄 A_0A 的机架铰链 A_0 位置可调；当转动螺杆 1 时，螺母 2 做轴向移动，从而通过连杆 3 使摆杆 4 及其上的机架铰链 A_0 绕固定中心 V_0 转动，使曲柄摇杆机构的机架长 $\overline{A_0B_0}$ 成为无级可调。当后接四杆机构 $B_0B'CC_0$ 运动时，连杆

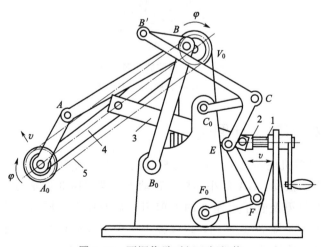

图 5-48　可调停歇时间八杆机构

1—螺杆；2—螺母；3—连杆；4—摆杆；5—链

BC 平面上的连杆点 E 作往复运动，它所描绘的部分连杆曲线为近似于半径为 EF 的圆弧，连杆点 E 通过这段圆弧时，从动摆杆 F_0F 近似停歇。通过调节可以在从动摆杆摆角保持不变的情况下使停歇时间从最大值（$\varphi_{R1}=150°$）调至为零。链 5 用于将主动链轮（中心在 V_0）的转动传至从动链轮（主动曲柄 A_0A）。

5.4.21　车床反馈机构创新设计图例

图 5-49 所示为利用机构反馈组合方法提高车床螺旋传动精度的实例。车床由电动机 1 经传动装置带动主轴及安装在其上的工件 2 转动，主轴与刀具 3 之间有变速齿轮 4，带动丝杠 5 传动，使刀具 3 可以按要求切出某一导程的螺纹。为了提高螺旋传动的精度，在车床床身上安装了校正板 10，此板通过顶杆 9、杠杆齿轮 8 使螺母 6 产生附加转动。如果事先测定螺旋传动的误差，按反馈校正的要求制作校正板 10 的曲线，则可以减小车床加工螺纹的螺距误差。

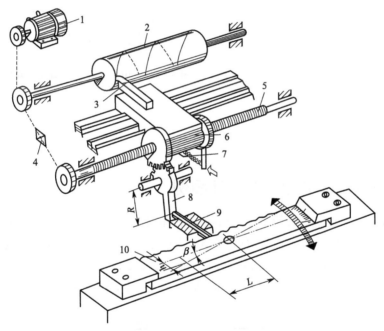

图 5-49　车床反馈机构

1—电动机；2—工件；3—刀具；4—变速齿轮；5—丝杠；6—螺母；
7—弹簧；8—杠杆齿轮；9—顶杆；10—校正板

5.4.22　圆刻度机补偿机构创新设计图例

机构反馈补偿可以提高加工精度，是一种广泛应用的方法。图 5-50 所示为一种圆刻度机传动系统简图。电动机经过带轮和减速箱带动曲柄作单向连续转动，曲柄通过连杆使扇形齿轮左右摆动，扇形齿轮带动空套在轴Ⅰ上的小齿轮使棘轮罩摆动，使固定在棘轮罩上的棘轮爪摆动，从而使棘轮向一个方向间歇运动。棘轮与轴Ⅰ之间有键连接，因此轴Ⅰ经齿轮传动和蜗杆传动使工件轴向一个方向作间歇转动，完成工件轴上被加工零件的分度运动。分度运动与刻刀运动配合（图 5-51 中未显示），可以完成度盘的刻制。在圆刻度机传动系统中，蜗杆传动要求具有很高的精度，而且传动比很大。还可以利用图 5-51 所示的反馈补偿机构，进一步提高蜗杆传动的精度。

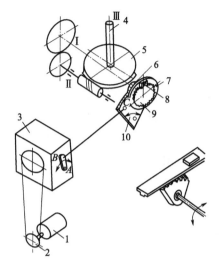

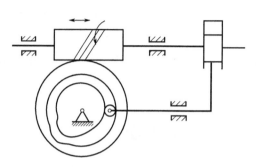

图 5-50　圆刻度机补偿机构

1—电动机；2—皮带轮；3—减速箱；4—工件轴；

5—蜗轮；6—小齿轮；7—棘轮罩；8—棘轮爪；

9—棘轮；10—扇形齿轮

图 5-51　利用反馈补偿机构提高蜗杆传动分度精度

5. 4. 23　铁板输送机构创新设计图例

图 5-52 所示的铁板输送机构是应用齿轮-连杆组合机构实现复杂运动规律的实例。如图所示，在该组合机构中，中心轮 2、行星轮 3、内齿轮 4 及系杆 H 组成自由度为 2 的差动轮系，它是该组合机构的基础机构。齿轮机构 1 和中心轮 2 以及曲柄摇杆机构 $ABCD$ 是该组合机构的附加机构。其中齿轮 1 和杆 AB 固结在一起，杆 CD 与系杆 H 是一个构件。当主

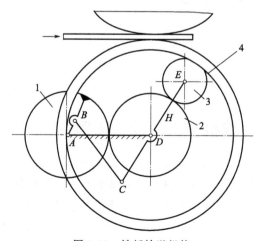

图 5-52　铁板输送机构

1—齿轮机构；2—中心轮；3—行星轮；4—内齿轮

动件 1 运动时，一方面通过齿轮机构传给差动轮系中的中心轮 2，另一方面又通过曲柄摇杆机构传给系杆 H。因此，齿轮 4 所输出的运动是上述两种运动的合成。通过合理选择机构中各齿轮齿数和各杆件的几何尺寸，可以使从动齿轮 4 按下述运动规律运动：当主动曲柄 AB（即齿轮 1）从某瞬时开始转过 $\Delta_{\varphi 1}=30°$时，输出构件齿轮 4 停歇不动，以等待剪切机构将铁板剪断；在主动曲柄转过 1 周中其余角度时，输出构件齿轮 4 转过 240°，这时刚好将铁板输送到所要求的长度。

5.4.24　深拉压力机创新设计图例

图 5-53 所示为深拉压力机机构，其主体机构为一具有两个自由度的七杆机构。两长度不等的曲柄 1 和 2 分别与连杆 3 和 4 铰接于点 A 和 B，两连杆又铰接于点 C；主动齿轮 8 同时与分别和曲柄 1 和 2 固连的齿轮啮合，因而使两曲柄能同步转动。连杆 5 和 3、4 铰接于点 C，5 又和滑块 6 铰接于点 D，滑块 6 与固定导路 7 组成移动副。则当主动齿轮 8 转动时，从动滑块（冲头）6 在导路中往复移动，且由于铰接点 C 的轨迹 K_C 的形状而使冲头 6 的运动速度能满足工艺要求，即冲头由其上折返位置以中等速度接近工件，然后以较低的且近似于恒定的速度对工件进行深拉加工，最后由下折返位置快速返回至其上折返位置。

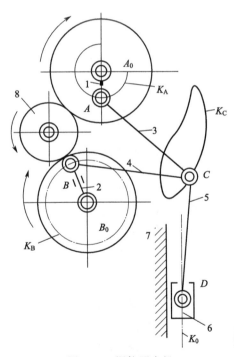

图 5-53　深拉压力机

1，2—曲柄；3～5—连杆；6—滑块；7—固定导路；8—主动齿轮

5.4.25　滚齿机运动补偿机构创新设计图例

图 5-54 所示为某滚齿机工作台校正机构的简图，它是利用凸轮-齿轮组合机构实现运动补偿的一个实例。图中，齿轮 2 为分度挂轮的末轮，运动由它输入；蜗杆 1 为分度蜗杆，运

动由它输出；通过与蜗杆相啮合的分度蜗轮（图中未画出）控制工作台转动。采用该组合机构，可以消除分度蜗轮副的传动误差，使工作台获得精确的角位移，从而提高被加工轮齿轮的精度。其工作原理如下：如图 5-54 所示，中心轮 $2'$、行星轮 3 和系杆 H 组成一简单的差动轮系。凸轮 4 和摆杆 $3'$ 组成一摆动从动件凸轮机构。运动由 2 轮输入后，一方面带动中心轮 $2'$ 转动，另一方面又通过杆件 $2''$、齿轮 $2'''$、$5'$、5、$4'$ 带动凸轮 4 转动，从而通过摆杆 $3'$ 使行星轮 3 获得附加转动，系杆 H 与之固连的分度蜗杆 1 的输出运动，就是上述这两种运动的合成。只要事先测定出机床分度蜗轮副的传动误差，并据此设计凸轮 4 的廓线，就能消除分度误差，使工作台获得精确的角位移。

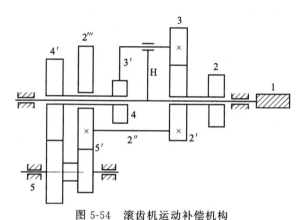

图 5-54　滚齿机运动补偿机构

1—蜗杆；2,$2'$,$2'''$,$4'$,5,$5'$—齿轮；$2''$—杆件；3—行星轮；$3'$—摆杆；4—凸轮

5.4.26　电阻压帽机创新设计图例

图 5-55 所示为电阻压帽机运动简图。起重送料机构由凸轮机构 5、13、15 和正弦机构

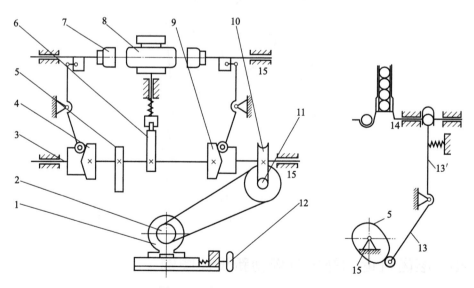

图 5-55　电阻压帽机运动简图

1—电动机；2—带式无级变速机构；3—分配轴；4～6,9—凸轮机构；7—电阻帽；8—电阻坯件；

10—蜗轮；11—蜗杆；12—手轮；13—连杆；$13'$,14,15—正弦机构

13′、14、15 串联而成。夹紧机构由直动从动件凸轮机构 6 与顶杆组成。压帽机构则由两个完全相对称的凸轮机构 4、9 分别与连杆机构串联而成。这四个执行机构的原动凸轮 4、5、6、9 均固接在同一分配轴 3 上。

其工作过程是：电动机 1 经带式无级变速机构 2 及蜗杆 11 驱动分配轴 3，使凸轮机构 4、5、6 及 9 一起运动，起重凸轮 5 将电阻坯件 8 送到作业工位，凸轮 6 将电阻坯件 8 夹紧，凸轮 4 及 9 同时将两端电阻帽 7 快速送到压帽工位，再慢速将它压牢在电阻坯件 8 上。然后各凸轮机构先后进入返回行程，将压好电阻帽的电阻卸下，并换上新的电阻坯料和电阻帽，再进入下一个作业循环。调节手轮 12 可使分配轴 3 的转速在一定范围内连续改变，以获得最佳的生产节拍。

第6章 仿生原理及创新设计图例
CHAPTER 6

6.1 仿生学与仿生机械学简述

仿生与创新密切相关。通过研究自然界生物的结构特性、运动特性与力学特性，然后设计出模仿生物特性的新材料或新装置，是创新设计的重要内容，其创新成果也非常丰硕。

仿生学是研究生物系统的结构和性质，并以此为工程技术提供新的设计思想、工作原理和系统构成的科学。仿生学是生命科学、物质科学、信息科学、脑与认知科学、工程技术、数学与力学以及系统科学等学科的交叉学科；是模仿生物的结构和功能的基本原理，将其模式化，再运用于新技术设备的设计与制造，使人造技术系统具有类似生物系统特征的科学。仿生学是一门与机械学相互交叉、渗透，运用力学特性，然后设计出类似生物体的机械装置的学科。当前，主要研究内容有拟人型机械手、步行机、假肢以及模仿鸟类、昆虫和鱼类等生物的机械结构、运动学与动力学设计以及控制等问题。

6.1.1 仿生学简介

仿生学研究方法的突出特点就是广泛地运用类比、模拟和模型方法，理解生物系统的工作原理，不直接复制每一个细节，中心目的是实现特定功能。在仿生学研究中存在三个相关的方面，即生物原型、数学模型和硬件模型。前者是基础，后者是目的，而数学模型则是两者之间必不可少的桥梁。

仿生学的研究内容主要有：机械仿生、力学仿生、分子仿生、化学仿生、信息与控制仿生等。

① 机械仿生　研究动物体的运动机理，模仿动物的地面走和跑、地下的行进、墙面上的行进、空中的飞、水中的游等运动，运用机械设计方法研制各种运动装置。机械仿生是本章的主要内容。

② 力学仿生　研究并模仿生物体总体结构与精细结构的静力学性质，以及生物体各组成部分在体内相对运动和生物体在环境中运动的动力学性质。例如，模仿被困修造的大跨度薄壳建筑，模仿股骨结构建造的立柱，既消除了应力特别集中的区域，又可用最少的建材承受最大的载荷。军事上模仿海豚皮肤的沟槽结构，把人工海豚皮包敷在船舰外壳上，可减少航行湍流，提高航速。

③ 分子仿生　模仿动物的脑和神经系统的高级中枢的智能活动、生物体中的信息处理过程、感觉器官、细胞之间的通信、动物之间通信等，研制人工神经元电子模型和神经网络、高级智能机器人、电子蛙眼、鸽眼雷达系统以及模仿苍蝇嗅觉系统的高级灵敏小型气体分析仪等。例如根据象鼻虫视动反应制成的"自相关测速仪"可测定飞机着陆速度。

④ 化学仿生　模仿光合作用、生物合成、生物发电、生物发光等。例如利用生物体中酶的催化作用、生物膜的选择性、通透性、生物大分子，或其类似物的分解和合成，研制了一种类似的有机化合物，在田间捕虫笼中用千万分之一微克，便可诱杀一种雄蛾虫。

⑤ 信息与控制仿生　模仿动物体内的稳态调控、肢体运动控制、定向与导航等。例如研究蝙蝠和海豚的超声波定位系统、蜜蜂的"天然罗盘"、鸟类和海龟等动物的星象导航、电磁导航和重力导航，可为无人驾驶的机械装置在运动过程中指明方向。

6.1.2　仿生机械学简介

随着机械仿生在仿生学中的快速发展，逐渐形成了一个专门研究仿生机械的学科，称为仿生机械学。它是 20 世纪 60 年代末期由生物力学、医学、机械工程、控制论和电子技术等学科相互渗透、结合而成的一门边缘学科。通过研究、模拟生物系统的信息处理、运动机能以及系统控制，并通过机械工程方法论将其实用化，从而应用于医学、国防、电子、工业等相关领域，可产生巨大的经济效益。

仿生机械是模仿生物的形态、结构和控制原理，设计制造出的功能更集中、效率更高并具有生物特征的机械。仿生机械学研究的主要领域有生物力学、控制体和机器人。生物力学研究生命的力学现象和规律，包括生物体材料力学、生物体机械力学和生物体流体力学；控制体是根据从生物了解到的知识建造的用人脑控制的工程技术系统，如机电假手等；机器人则是用计算机控制的工程技术系统。

6.1.3　仿生机械学中的注意事项

按照仿生机械学研究内容，可归纳为功能仿生、结构仿生、材料仿生以及控制仿生等几个方面。长期以来，人类非常羡慕一些自然界中的生物所具有的非凡特性。鸟为什么能在空中飞，鱼为什么能在水中游，没有腿的蛇为什么能在地面运动，蚂蚁为什么能拖动大于身体自重 500 倍的物体，跳蚤为什么能跳过超过自身身高 700 倍的高度，蚯蚓为什么出污泥而不染等许许多多的问题令人们思考。把自然界生物体的特性引入人类生活成为人们的追求目标，并逐渐形成了仿生机械学的内容。根据人类在历史上仿生的经验与教训，在运用仿生学的基本知识进行创新活动中时，必须牢记以下几个问题。

① 仿生机械是建立在对模仿生物体的解剖基础上，了解其具体结构，用高速影像系统记录与分析其运动情况，然后运用机械学的设计与分析方法，完成仿生机械的设计，需要多学科知识的交叉与运用。

② 生物的结构与运动特性，只能给人们开展仿生创新活动以启示，不能采取照搬式的机械仿生。例如，人类为了像鸟一样在天空翱翔，就在双臂上各捆绑一个翅膀，从高山上往下跳，结果发生惨剧，因为人的双臂肌肉没有进化到鸟翅肌肉的发达程度，不能克服人体自重。飞机的发明史经历了从机械式仿生到科学仿生的过程，蛙泳的动作也是科学仿生的结果。机械式的仿生是研究仿生学的大忌之一。

③ 注重功能目标，力求结构简单。生物体的功能与实现这些功能的结构是经过千万年逐渐形成的，有时追求结构仿生的完全一致性是不必要的。如人的每只手有 14 个关节，20个自由度，如果完全仿人手结构，会造成结构复杂、控制也困难的局面。所以仿二指和三指

的机械手在工程上应用较多。

④ 仿生的结果具有多值性，要选择结构简单、工作可靠、成本低廉、使用寿命长、制造维护方便的仿生机构方案。

⑤ 仿生设计的过程也是创新的过程，要注意形象思维与抽象思维的结合，注意打破定势思维并运用发散思维解决问题的能力。

6.2   仿生机构及创新设计图例

6.2.1   手爪平行开闭的机械手创新设计图例

对于不能像人的手那样灵活地完成各种工作的机器人而言，可以采用更换各种专用手爪的方法使其完成相应的工作。如图 6-1 所示机械手就是可以满足这种要求的一种结构，它的手爪平行移动，而且移动量较大。当气缸活塞伸出时，手爪张开；活塞退回时，抓取零件。在手爪之间装有压缩弹簧，用以消除运动间隙，装在手爪上的可换夹爪的形状应与被抓零件的外形相适应，抓力大小的调节是靠改变工作压力实现的。

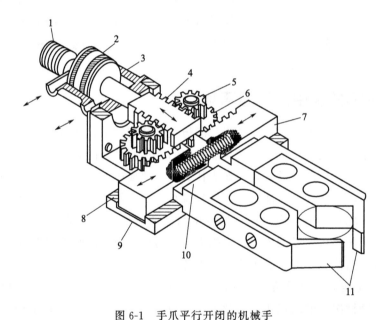

图 6-1   手爪平行开闭的机械手

1—螺杆，用于与机器人手臂相连接；2—活塞；3—气缸；4—双面齿条；

5—小齿轮 A；6—小齿轮 B；7—滑动齿条 A；8—滑动齿条 B；

9—手爪体；10—压缩弹簧；11—可换夹爪

6.2.2   柔软手爪创新设计图例

柔软抓取机构用挠性带和开关组成。如图 6-2 所示，挠性带绕在被抓取的物件上，把物件抓住，可以分散物件单位面积上的压力而不易损坏。

如图 6-2(a) 所示挠性带 2 的一端有接头 1，另一端是夹紧接头 9，它通过固定台 8 的沟槽后固定在驱动接头 5 上。当活塞杆 5 向右将挠性带拉紧的同时，又通过缩放连杆 3 推动夹紧接头 9 向左收紧挠性带，从而把物件夹紧。这是一种用挠性带包在被抓取物表面的柔软手爪。活塞杆向左时，将带松开。图 6-2(b) 是用有柔性的杠杆作手爪，当活塞杆向右时，将手爪放开；反之则夹紧。

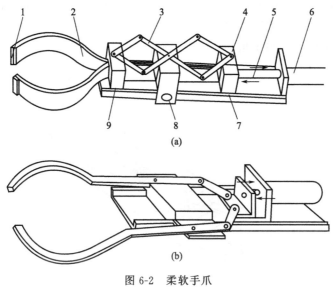

图 6-2　柔软手爪

1—接头；2—挠性带；3—缩放连杆；4—驱动接头；5—活塞杆；
6—推杆；7—滑道；8—固定台；9—夹紧接头

6.2.3　机械手抓取机构创新设计图例

图 6-3 所示为齿轮连杆机械手抓取机构。机构由曲柄摇块机构 1-2-3-4 与齿轮 5、6 组合而成。齿轮机构的传动比等于 1，活塞杆 2 为主动件，当液压推动活塞时，驱动摇杆 3 绕 B

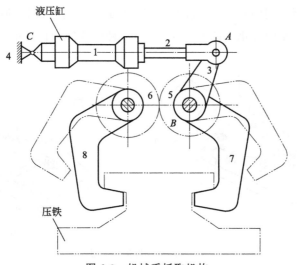

图 6-3　机械手抓取机构

1—液压缸；2—活塞杆；3—摇杆；4—机架；5,6—齿轮；7,8—机械手点摆动，齿轮 5 与摇杆 3 固结，并驱使齿轮 6 同步运动。机械手 7、8 分别与齿轮 5、6 固结，可实现铸工搬运压铁时夹持和松开压铁的动作。

6.2.4 利用弹簧螺旋的弹性抓取机构创新设计图例

如图 6-4 所示，两个手爪 1、2 用连杆 3、4 连接在滑块上，气缸活塞杆通过弹簧 5 使滑块运动。手爪夹持工件 6 的夹紧力取决于弹簧的张力，因此可根据工作情况，选取不同张力的弹簧；此外，还要注意，当手爪松开时，不要让弹簧脱落。

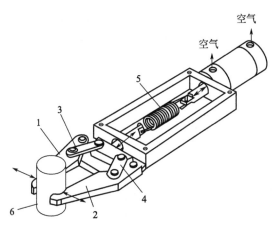

图 6-4 利用弹簧螺旋的弹性抓物机构

1,2—手爪；3,4—连杆；5—弹簧；6—工件

6.2.5 具有弹性的抓取机构创新设计图例

如图 6-5(a) 所示的抓取机构中，在手爪 5 的内侧设有槽口，用螺钉将弹性材料装在槽口中以形成具有弹性的抓取机构；弹性材料的一端用螺钉紧固，另一端可自由运动。当手爪夹紧工件 7 时，弹性材料便发生变形并与工件的外轮廓紧密接触；也可以只在一侧手爪上安装弹性材料，这时工件被抓取时定位精度较好。1 是与活塞杆固连的驱动板，2 是气缸，3 是支架，4 是连杆，6 是弹性爪。图 6-5(b) 是另一种形式的弹性抓取机构。

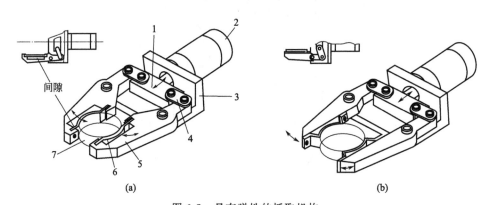

(a)　　　　　　　　　(b)

图 6-5 具有弹性的抓取机构

1—驱动板；2—气缸；3—支架；4—连杆；5—手爪；6—弹性爪；7—工件

6.2.6 立体抓取机构创新设计图例

图 6-6(a) 所示为从三个方向夹住工件的抓取机构的原理，爪 1、2 由连杆机构带动，在同一平面中作相对的平行移动；爪 3 的运动平面与爪 1、2 的运动平面相垂直；工件由这三爪夹紧。

图 6-6(b) 为爪部的传动机构。抓取机构的驱动器 6 安装在抓取机构机架的上部，输出轴 7 通过联轴器 8 与工作轴相连，工作轴上装有离合器 4，通过离合器与蜗杆 9 相连。蜗杆带动齿轮 10、11，齿轮带动连杆机构，使爪 1、2 作启闭动作。输出轴又通过齿轮 5 带动与爪 3 相连的离合器，使爪 3 作启闭动作。当爪与工件接触后，离合器进入"OFF"状态，三爪均停止运动，由于蜗杆蜗轮传动具有反行程自锁的特性，故抓取机构不会自行松开被夹住的工件。

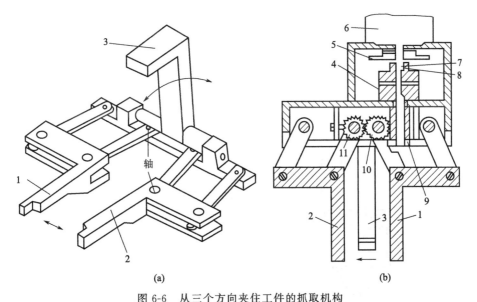

图 6-6 从三个方向夹住工件的抓取机构

1~3—爪；4—离合器；5,10,11—齿轮；6—驱动器；7—输出轴；8—联轴器；9—蜗杆

6.2.7 扁平圆盘类工件供料擒纵机构创新设计图例

如图 6-7 所示，工件由进料导轨 1 送进到摆动爪 4 上，挡块 3 是用来限位的。气缸 6 伸出，带动隔料爪 2 将后续的工件挡住，由挡销 5 推动摆动爪 4，使之张开，释放其上的工件，垂直下落到工作区。气缸 6 缩回时，摆动爪 4 复位，隔料爪 2 退回，下一个工件进入摆动爪上。设计时应尽可能减小每个工件下落的距离，以免工件下落时摇摆翻转。

6.2.8 行星带传动机械手臂创新设计图例

图 6-8 所示为行星带传动旋转机械手传动原理，由圆锥齿轮机构、两套行星齿形带传动机构（Ⅰ、Ⅱ）和凸轮机构串联组合而成。平动是由行星齿形带传动机构来实现的，而提升平台 16 在水平面内的摆动，则是由凸轮机构来实现的。

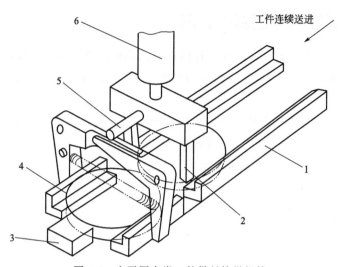

图 6-7 扁平圆盘类工件供料擒纵机构

1—进料导轨；2—隔料爪；3—挡块；4—摆动爪；5—挡销；6—气缸

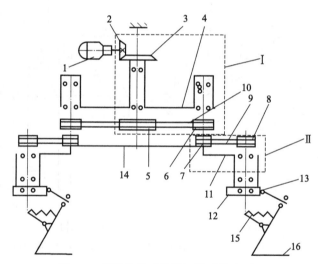

图 6-8 行星带传动旋转机械手传动原理

1—电动机；2,3—锥齿轮；4,11—转臂；5~8—同步带轮；9,10—带；
12—齿轮；13—辊子；14—圆盘；15—拉伸弹簧；16—提升平台

以右半部分行星机构为例说明，右半部分是由行星机构Ⅰ和行星机构Ⅱ（如图中虚线所示）串联组合而成的。在行星机构Ⅰ中，齿形带轮 5 是中心轮，齿形带轮 6 是行星轮，转臂 4 是系杆。在行星机构Ⅱ中，由于齿形带轮 7 与圆盘 14 是固定连接，故齿形带轮 7 相对圆盘 14 不能转动，齿形带轮 8 是行星轮，转臂 11 是系杆。

这说明在整个系统回转过程中，同步带轮 8 相对本系统而言的合成转速为 0，这就满足了提升平台 16 的平动工作要求。

由于该旋转二爪机械手工作时，要求两个提升平台在铅垂面内作平动，以防圆盘倾倒，所以支承两个提升平台的轴相对于本系统不能转动。将旋转二爪机械手水平放置，以回珠中

心为原点 O，建立图示直角坐标系，得到行星带轮 8 的椭圆曲线轨迹方程，如图 6-9 所示。

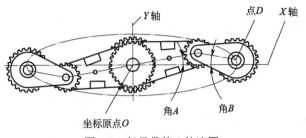

图 6-9　行星带轮 8 轨迹图

将图 6-8 所示的行星齿形带传动机构Ⅰ和Ⅱ（如图 6-8 中虚线所示）由串联组合改为并联组合，也就是将图 6-8 所示的同步带轮 8 的中心与同步带轮 5 的中心同轴线，同步带轮 8 的轴线位置原地不动，但与圆盘 14 的固定连接改为可动连接，从而衍生出一种新的结构上仍然左右对称的行星传动机构。图 6-10 所示为并联行星传动机构的传动原理。

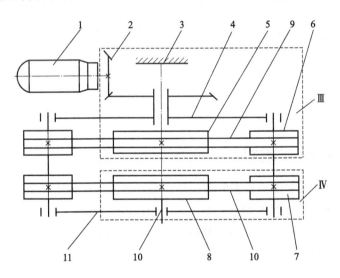

图 6-10　并联行星传动机构传动原理

1—电动机；2,3—锥齿轮；4,11—转臂；5~8—同步带轮；9,10—带

如果将此传动装置设计成其他种类的行星带传动或链传动，选定合适的带轮尺寸或链轮齿数，从理论上也可以实现工作要求，从而为该机构的维修或改造找到一条新的思路。

6.2.9　气动管道爬行器创新设计图例

图 6-11 所示是仿效爬行动物运动而设计的管道爬行器。爬行器由三段柔性微致动体组成，1 是腿，2 是连杆，3 是铝片，4 是铰链。每段柔性微致动体的结构如图 6-11(a) 所示。柔性微致动体两端是两个圆形薄铝片，中间用橡胶管连接成为一个气囊。两铝片外缘用四个四连杆机构连接，每个四连杆机构的连杆中部有一条径向外伸的支撑腿。将爬行器植入管道中如图 6-11(b) 所示，这时将第一、三节气囊充气，第二节气囊排气，这样一、三节的八条腿就支撑在管道中。然后将第二节气囊充气的同时，对第一节气囊排气，于是爬行器头部

开始向前移。此后将第一节气囊充气，让第三节气囊排气，爬行器尾部开始向前移。随着三节气囊交替地充、排气，使爬行器身体的三部分交替地伸缩和交替地更换支撑腿，爬行器就像小虫一样在管道中爬行。实验中，一个长 85mm、直径为 25mm 的这种爬行器，爬行速度可达 2.2mm/s。

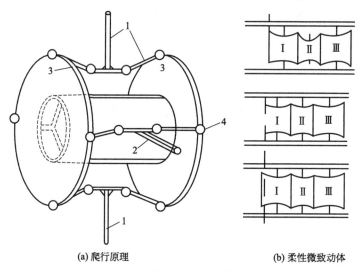

(a) 爬行原理　　　　　　　　(b) 柔性微致动体

图 6-11　气动管道爬行器

1—腿；2—连杆；3—铝片；4—铰链

6.2.10　肢类机械实用机器人创新设计图例

狐猴Ⅱb 是肢类机械实用机器人的第三代，有 4 条腿，配备了相同的相机、数据处理电路和与前两个版本相同的无线调制解调器。唯一的改变，就是放弃其六肢设计。这种变化减少了每个肢体的质量以及机器人本身的质量。这个运动简化设计使得狐猴Ⅱb 在水平的表面上移动更容易，更擅长爬坡，如图 6-12 所示。

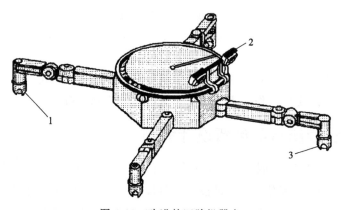

图 6-12　改进的四肢机器人

1—末端执行工具；2—安装在环形轨迹上的全方位立体相机；
3—每个肢体上都安有工具变换用的快速释放机构

6.2.11　蜘蛛机器人创新设计图例

　　蜘蛛机器人是一个相对廉价的、可行的步行机器人的原型。这些机器人可以合作完成大量的装配、维修以及搜索和救援工作，支持 NASA 探索外层空间和远程行星的任务。

　　蜘蛛机器人是一个正在开发的手掌大小的移动机器人，结构简单，组装和修理容易。其设计目的为加入 NASA 的探索任务，到远程行星搜索和救援。它有六个弹簧兼容关节和扣弦的脚，这允许它灵活地在网上行进，并可走在平坦的低重力表面。其变成腿交替夹紧和松开使机器人的运动，并保证在任何时候都有三个脚缠绕在网上，如图 6-13 所示。

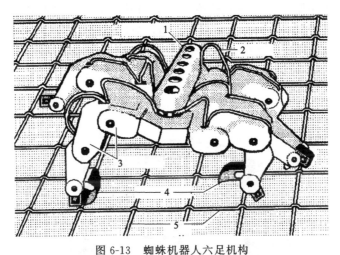

图 6-13　蜘蛛机器人六足机构

1—电子部分；2—控制线；3—弹簧节点；4—抓取执行器；5—线网

6.2.12　悬崖机器人创新设计图例

　　如图 6-14 所示，悬崖机器人是一个配备了科学研究仪器的自动机器人，以便它可以 90°的角度垂降下来探索地形太陡或危险陡峭的斜坡。预计将在地球、月球和其他行星上的应

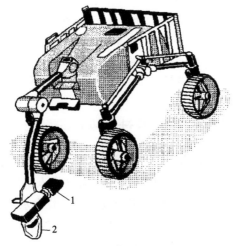

图 6-14　悬崖机器人

1—微磁磁力仪；2—取样铲

用。该机器人被其他两个称为锚机器人的专业自主机器人限制和控制。

悬崖机器人驱动力来自锚机器人的计算机控制绞车，而锚机器人固定在悬崖的边缘。它们将自主控制系绳的张紧来配合悬崖机器人的重力。系绳被放出，并在必要时卷绕保持悬崖机器人的车轮持续接触崖面。通过控制速度的下降或上升可以防止车轮打滑，因而悬崖机器人能够自由驱动向上或向下，或横跨斜坡。

6.2.13 可控跳跃机器人创新设计图例

如图6-15所示，在这个可操纵跳跃机器人的六条腿上都固定有弓形玻璃弹簧，提供跳跃所需的能量。在每条腿两端，缆绳都缠绕在机动卷筒上（图中未显示）。当卷筒旋转时，缆绳被拉紧，拉起六条腿，从而压缩腿弹簧。当释放缆绳时，储存的能力释放出来，使机器人跳跃。缆绳张紧提供的弹簧压缩程度决定机器人可以跳跃的距离和高度。同步传动带驱动器保持机器人跳跃时腿部伸直。

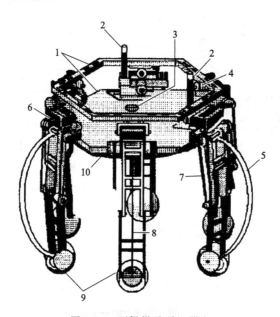

图6-15　可操纵跳跃机器人

1—可转动的上下机架；2—转向执行器；3—卷筒装配位置；4—销连接；5—腿上的
玻璃纤维弹簧；6—铰销；7—同步皮带；8—连接卷筒载荷和弹簧腿
的缆绳；9—球形脚；10—安装在框架下的回转仪或电动机

6.2.14 飞机仿生机器人创新设计图例

如图6-16所示，MQ-1"捕食者"是一个需要在中等海拔高度长距离飞行的远程遥控飞行器系统。它也是一种没有飞行员的无人驾驶飞行器（无人机）。简单地说，它是一种半自主飞行机器人。"无人驾驶"一词已不再适用于其先进的技术水平。"捕食者"能完成很多种任务，包括侦察、监视和搜索在地面上的关键目标。一个例子是搜索藏身于车辆中的恐怖分子。"捕食者"由地面控制人员在控制，可以提供地点、天气条件和敌情的实时数据，对攻击目标的机会作出判断。

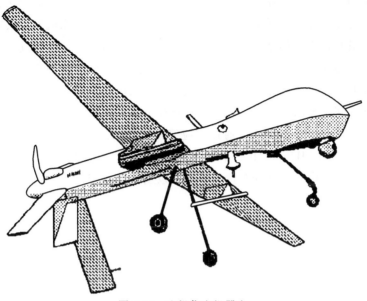

图 6-16　飞机仿生机器人

"捕食者"是由四架飞机和一个具有专用卫星链路的地面控制站组成的系统。这些系统由操作和维修人员 24 小时×7 天全天候支持。每个"捕食者"有一名飞行员和一个或两个传感器操作员。他们在地面控制站内"驾驶"飞机，或者通过卫星数据链路与数千里之外的飞机通信。如果有坚硬的地面和当地的视线通信，"捕食者"可以通过 1524m（5000ft）长、23m（75ft）宽的空间带起飞和降落。

6.2.15　潜水机器人创新设计图例

如图 6-17 所示，REMUS600 是由电池供电的自动潜水机器人，用于水下监视。它的外观和移动方式像一个海军水下鱼雷，能够工作在 600m（2000ft）深度的开放海洋，具有极大的控制范围和深度。

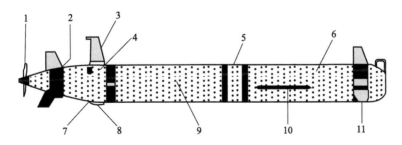

图 6-17　REMUS600 潜水机器人

1—两叶螺旋桨；2—鳍片控制部分；3—GPS/铱，WIFI 天线；4—电导率、温度或深度计；
5—声学多普勒海流剖面仪、惯性导航系统；6—模块化的前端；7—水声通信转换器；
8—导航系统；9—电池；10—侧扫声呐；11—前向鳍片

这个水下机器人由带有坚固平面屏幕的专门的笔记本电脑控制。它可以为操作者提供运营商的业务数据和图表，当其浮出水面时，其专有的软件可使母船上的操作者与之沟通并引导它。控制者也可以编程自主任务，参与操作人员的培训，并排除机器人故障。

当它沉入海里时，它遵循编程好的大面积的重复扫描搜索计划。通过三个独立的鳍稳定潜水，俯仰在预定的深度。声学多普勒海流剖面仪通过补偿电流帮助其导航，可以偏离预设航线，而惯性导航系统可使其保持在原来的航线。侧扫声呐是其主要的水下监测仪器，并以视频形式记录和存储其输出，可以展现其跟踪路径上遇到的事物。

当使命完成后，它上升至水面，通过声应答器、GPS、卫星电话、WIFI 向其母船报告其位置，回到母船。REMUS600 由各种模块组装，形成一个加压的船体，很容易被拆卸、维修或运送，此特点允许它重新配置选择模块，以适应任务变化。

第**3**篇

机械结构创新设计与图例

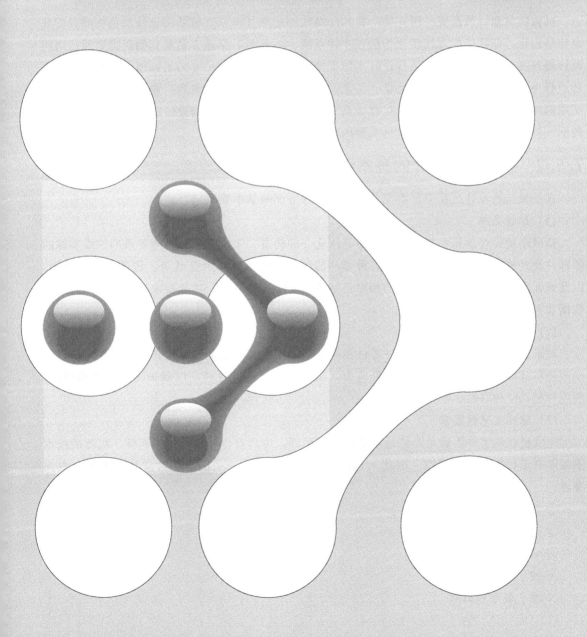

第7章 CHAPTER 7 机械结构及创新设计图例

7.1 机械结构设计概述

7.1.1 机械结构设计概念

机械的创新一般都要经历功能—机构—结构的思维过程。机械结构设计就是将原理方案设计结构化，即把机构系统转化为机械实体系统。一方面，原理方案及其创新需要通过结构设计得到实现；另一方面，结构设计不但要使零部件的形状和尺寸满足原理方案的要求，还必须解决与零部件结构有关的力学、工艺、材料、装配、使用、美观、成本、安全和环保等一系列问题，因此，在结构设计过程中具有巨大的创新空间。结构设计的质量和创新水平的高低，对机械创新的成败起着十分关键的作用。

7.1.2 机械结构设计的基本要求

在机械结构设计过程中，要充分考虑以下各方面的基本要求。

(1) 功能要求

机械结构设计就是将原理设计方案具体化，即构造一个能够满足功能要求的三维实体的零部件及其装配关系。概括地讲，各种零件的结构功能主要有承受载荷、传递运动和动力，以及保证或保持有关零部件之间的相对位置或运动轨迹关系等。功能要求是结构设计的主要依据和必须满足的要求。

(2) 使用要求

对于承受载荷的零件，为保证零件在规定的使用期限内正常地实现其功能，在结构设计中应使零部件的结构受力合理，降低应力，减少变形，节省材料，以利于提高零件的强度、刚度和延长使用寿命。

(3) 结构工艺性要求

组成机器的零件要能最经济地制造出和装配好，应具有良好的结构工艺性。机器的成本主要取决于材料和制造费用，因此工艺性与经济性是密切相关的，通常应从以下几个方面考虑。

① 应使零件形状简单合理。

② 适应生产条件和规模。

③ 合理选用毛坯类型。

④ 便于切削加工。

⑤ 便于装配和拆卸。

⑥ 易于维护和修理。

(4) 人机学要求

在结构设计中必须考虑使用和安全问题，应优先采用具有直接（本身）安全作用的结构方案。此外应使结构造型美观，操作舒适，有利于环境保护。

对于由机构系统组成的机械来说，它的基本组成要素是：运动副、运动构件和固定构件（即机架）。它们在机械系统中的功能不同，因此设计的出发点也有所不同。根据机械的基本组成要素，可从功能要求出发分别考虑其结构化过程中的问题，这样的过程为今后结构创新设计能力的培养和逐步提高奠定了基础。

7.2　机械结构创新设计图例

7.2.1　机械结构变异创新设计图例

(1) 工作表面变异

在构成零件的多个表面中，有些表面与其他零件或工作介质直接接触，这些表面称为零件的工作表面。零件的工作表面是决定机械装置功能的重要因素，其设计是零部件设计的核心问题。通过对工作表面的变异设计，可以得到实现同一功能的多种结构方案。

工作表面的形状、尺寸、位置等参数都是描述它的独立技术要求，通过改变这些要素可以得到关于工作表面的多种设计方案。

① 螺钉头部形状创新设计图例　如图 7-1 所示，描述的是通过对螺栓和螺钉的头部形状进行变异所得到的多种设计方案。其中，方案（a）～（c）的头部形状使用一般扳手拧紧，

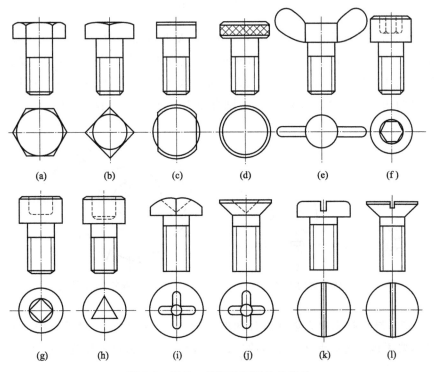

图 7-1　螺栓、螺钉头部形状的变异

可获得较大的拧紧力矩，但不同的头部形状所需的最小工作空间（扳手空间）不同。滚花型［方案（d）］和元宝型［方案（e）］的头部形状用于手工拧紧，不需专门工具，使用方便。方案（f）～（h）的扳手作用于螺钉头的内表面，可使螺纹连接结构表面整齐美观。方案（i）～（l）分别用十字形螺丝刀和一字形螺丝刀拧紧的螺钉头部形状，拧紧过程所需的工作空间小，但拧紧力矩也小。可以想象，有许多可以作为螺钉头部形状的设计方案，不同的头部形状需要用不同的工具拧紧，在设计新的螺钉头部形状方案时，要同时考虑拧紧工具的形状和操作方法。

② 凸轮挺杆机构接触面互换创新设计图例　图 7-2 所示为凸轮挺杆机构中通过将接触面互换的方法所实现的变异。在图 7-2(a) 所示的结构中，挺杆与摇杆通过一球面相接触，球面在挺杆上，当摇杆的摆动角度变化时，摇杆端面与挺杆球面接触点的法线方向随之变化。由于法线方向与挺杆的轴线方向不平行，挺杆与摇杆间作用力的压力角不等于零，会产生横向力，横向力需要与导轨支撑反力相平衡，支撑反力派生的最大摩擦力大于轴向力时造成挺杆卡死。如果将球面变换到摇杆上，如图 7-2(b) 所示，则接触面上的法线方向始终平行于挺杆轴线方向，有利于防止挺杆被卡死。

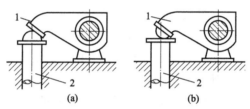

图 7-2　摇杆与挺杆工作表面位置的变换

1—摇杆；2—挺杆

③ V 形导轨结构创新设计图例　图 7-3 所示为 V 形导轨结构的两种设计方案。在图 7-3(a) 所示结构中，上方零件（托板）导轨断面形状为凹形，下方零件（床身）为凸形，在重力作用下摩擦表面上的润滑剂容易自然流失。如果改变凸、凹零件的位置，使上方零件为凸形，下方零件为凹形，如图 7-3(b) 所示，则有利于改善导轨的润滑状况。

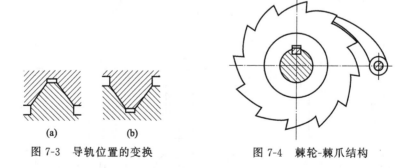

图 7-3　导轨位置的变换　　　　　图 7-4　棘轮-棘爪结构

④ 棘轮-棘爪结构技术要素创新设计图例　图 7-4 所示为棘轮-棘爪结构，描述棘轮-棘爪结构的技术要素包括轮齿形状、轮齿数量、棘爪数量、轮齿位置和轮齿尺寸等。棘轮结构的变异如图 7-5 所示。

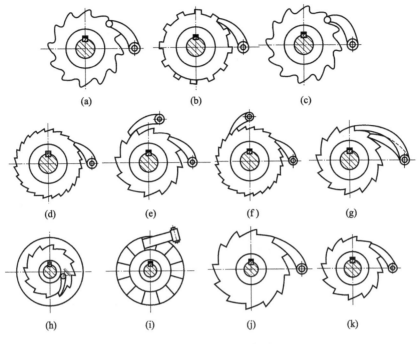

图 7-5　棘轮结构的变异

（2）轴毂连接结构变异

轴毂连接结构实现轴与轮毂之间的周向固定并传递转矩。按照轴与轮毂之间传递转矩的方式，可以将轴毂连接结构分为依靠摩擦力传递转矩的方式和依靠接触面形状，通过法向力传递转矩的方式。

① 形锁合连接结构创新设计图例　根据物理原理进行连接的方法称为锁合。依靠接触面形状，通过法向力传递转矩的方式称为形锁合连接。

如图 7-6 所示的各种非圆截面都可以构成形锁合连接，但是由于非圆截面不容易加工，所以应用较少。

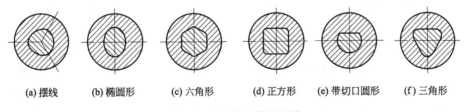

(a) 摆线　　(b) 椭圆形　　(c) 六角形　　(d) 正方形　　(e) 带切口圆形　　(f) 三角形

图 7-6　非圆截面轴毂连接

应用较多的是在圆截面的基础上，通过打孔、开槽等方法构造出不完整的圆截面，通过变换这些孔或槽的尺寸、数量、形状、位置、方向等参数可以得到多种形锁合连接。图 7-7 所示为常用的通过不完整的圆截面构成的形锁合连接结构。

② 力锁合连接结构创新设计图例　依靠接触面间的压紧力所派生的摩擦力传递转矩的轴毂连接方式称为力锁合连接。圆柱面过盈连接是最简单的力锁合连接，它通过控制轴和孔

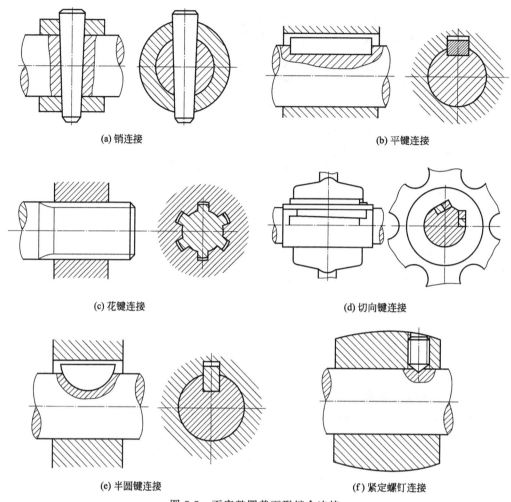

(a) 销连接

(b) 平键连接

(c) 花键连接

(d) 切向键连接

(e) 半圆键连接

(f) 紧定螺钉连接

图 7-7   不完整圆截面形锁合连接

的公差带位置关系获得轴与孔的过盈配合，装配后的轴与孔结合紧密，接触面间产生较大的法向压力，可以派生出很大的摩擦力，既可以承担转矩，也可以承担轴向力。但是过盈连接对加工精度要求高，装配和拆卸都不方便，在配合面端部引起较大的应力集中。为了构造装、拆方便的力锁合连接结构，必须使被连接的轴和孔表面间在装配前无过盈，装配后通过调整等方法使表面间产生过盈，拆卸过程则相反。基于这一目的，不同的调整结构派生出不同的力锁合轴毂连接形式，常用的力锁合连接方式有楔键连接、弹性环连接、圆锥面过盈连接、紧定螺钉连接、容差环连接、星盘连接、压套连接、液压涨套连接等，其中有些是通过在结合面间楔入其他零件（楔键、紧定螺钉）或介质（液体）使其产生过盈，有些则是通过调整使零件变形（弹性环、星盘、压套），从而产生过盈。常用的力锁合轴毂连接方式的结构如图 7-8 所示。

　　这些连接结构中的表面为最容易加工的圆柱面、圆锥面和平面，其余为可用大批量加工方法加工的专用零件（如螺纹连接件、星盘、压套等），这是通过变异设计方法设计新型连接结构时必须遵循的原则，否则即使新结构在某些方面具有一些优秀的特性，也难以推广使用。任何一种新开发的新型连接结构，只有具备某种优于其他结构的突出特性才可能在某些

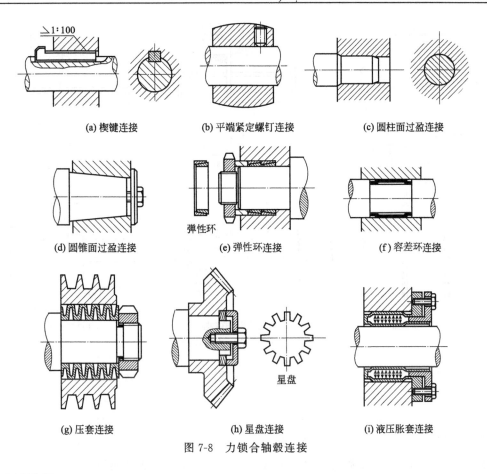

(a) 楔键连接　　　　(b) 平端紧定螺钉连接　　　　(c) 圆柱面过盈连接

弹性环

(d) 圆锥面过盈连接　　　　(e) 弹性环连接　　　　(f) 容差环连接

星盘

(g) 压套连接　　　　(h) 星盘连接　　　　(i) 液压胀套连接

图 7-8　力锁合轴毂连接

应用中被采用。

（3）联轴器连接方式变异

联轴器连接两轴，并在两轴间传递转矩，两轴之间的不同连接方式可以构成不同的联轴器类型。

① **刚性联轴器连接创新设计图例**　刚性联轴器在两轴之间构成刚性连接。如图 7-9 所示的套筒联轴器就是一种刚性联轴器。刚性联轴器具有较强的承载能力，但是对所连接的两轴之间的位置精度有较高的要求。

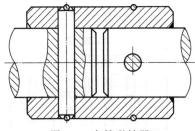

图 7-9　套筒联轴器

② **挠性联轴器连接创新设计图例**　为了使联轴器可以适应所连接两轴之间存在的位置及方向误差，可以将联轴器分解为两个分别安装在所连接两轴端的半联轴器，将两个半联轴器通过弹性元件相连接，构成有弹性元件的挠性联轴器。

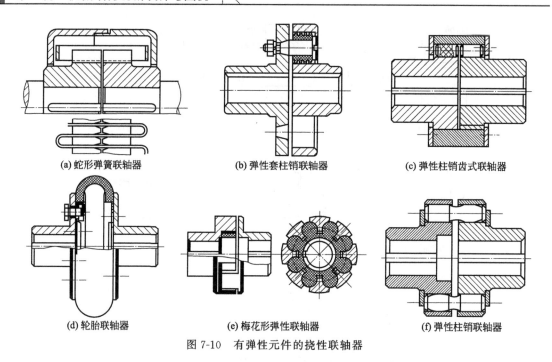

| (a) 蛇形弹簧联轴器 | (b) 弹性套柱销联轴器 | (c) 弹性柱销齿式联轴器 |
| (d) 轮胎联轴器 | (e) 梅花形弹性联轴器 | (f) 弹性柱销联轴器 |

图 7-10 有弹性元件的挠性联轴器

由于不同材料在性能上的差别，选用不同的弹性元件材料对联轴器的工作性能也有很大的影响。可选做弹性元件的材料有金属、橡胶、尼龙等。金属材料有较高的强度、刚度和寿命，所以常用在要求承载能力大的场合；非金属材料的弹性变形范围大，载荷与变形的关系非线性，可用简单的形状实现较大变形量，但是非金属材料的强度差，寿命短，常用在要求承载能力较小的场合。由于弹性元件的寿命短，使用中需要多次更换弹性元件，在结构设计中应为更换弹性元件提供可能和方便，应为更换弹性元件留有必要的操作空间，应使更换弹性元件所必须拆卸、移动的零件数量尽量少。图 7-10 所示为使用不同弹性元件材料的有弹性元件挠性联轴器的结构。

③ 运动副连接联轴器创新设计图例 可以将两个半联轴器通过特定的运动副相连接，使两个半联轴器之间具有某些运动自由度，使联轴器可以适应所连接两轴之间存在的位置和方向误差。

如图 7-11 所示，平行轴联轴器用连杆通过两组平行铰链连接两个半联轴器，使两个半

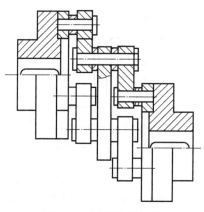

图 7-11 平行轴联轴器

联轴器之间具有两个方向的移动自由度，适应两轴之间的径向位置误差。

如图 7-12 所示，万向联轴器通过两组正交的铰链连接两个半联轴器，使联轴器具有调整两轴角度误差的能力。

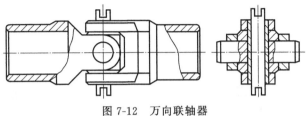

图 7-12　万向联轴器

如图 7-13 所示，双万向联轴器将两个万向联轴器通过移动花键连接，可以适应两轴之间任意方向的角度误差和位置误差。

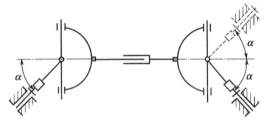

图 7-13　双万向联轴器

如图 7-14 所示，十字滑块联轴器通过两个移动副连接两个半联轴器，可以适应两轴之间的径向位置误差。

图 7-14　十字滑块联轴器

如图 7-15 所示，鼓形齿式联轴器的两端通过鼓形外齿轮与内齿轮啮合，使得联轴器可以适应所连接两轴之间任意方向的误差。

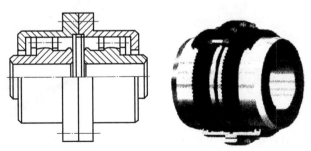

图 7-15　鼓形齿式联轴器

如图 7-16 所示，液力耦合器通过充满其中的液体连接泵轮和涡轮，泵轮在输入轴的带动下转动，并通过腔内的叶片将输入的能量转变为液体的动能，液体通过涡轮腔内的叶片推动涡轮转动，通过涡轮所连接的输出轴对外做功输出能量。

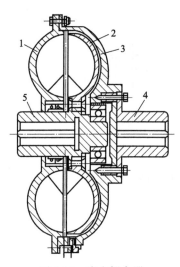

图 7-16   液力耦合器

1—泵轮；2—涡轮；3—外壳；4—输入轴；5—输出轴

图 7-17   钢球碰撞联轴器（半联轴器）

如图 7-17 所示，钢球碰撞联轴器的工作原理与液力耦合器相似，只是把工作介质换为钢球，通过钢球在主动半联轴器和被动半联轴器叶片之间的碰撞在两个半联轴器之间传递动力。如果用电场、磁场、气体或松散物质替换其中的工作介质，就可以派生出其他类型的联轴器。

7.2.2   机械结构组合创新设计图例

(1) 双人自行车创新设计图例

图 7-18 所示的双人自行车使两个人可以同时骑行一辆自行车。在具体结构上还分为双人前后骑自行车和双人左右骑自行车。

图 7-18   双人自行车

图 7-19   双体船

(2) 双体船创新设计图例

如图 7-19 所示，双体船造型将两个同样形状的瘦长船体组合在船甲板的底部，既减少了行驶阻力，又保证了船的稳定性和灵活性。

(3) 多根 V 带与多楔带创新设计图例

　　V 带传动设计中增加带的根数有利于提高承载能力，如图 7-20(a) 所示，但是随着带的根数增加，由于多根带的长度不一致，带之间的载荷分布不均匀性加剧，使多根带不能充分发挥作用。图 7-20(b) 所示的多楔带将多根带集成在一起，通过带的制造工艺保证了带长的一致性，提高了承载能力。

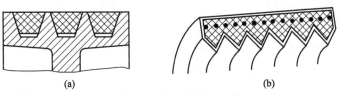

(a)　　　　　　　　　　　　(b)

图 7-20　多根 V 带与多楔带

(4) 大尺寸螺钉预紧结构创新设计图例

　　图 7-21 所示为大尺寸螺钉预紧结构。由于大尺寸螺钉连接的拧紧很困难，此结构在大尺寸螺钉的头部设置了几个较小的螺钉，通过逐个拧紧小螺钉，可以使大螺钉施加预紧力，起到与拧紧大螺钉同样的作用。

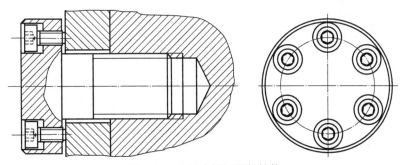

图 7-21　大尺寸螺钉预紧结构

(5) 功能组合创新设计图例

　　将多种机械切削加工机床的功能加以组合，可以使其共用床身、电动机、机械传动及电器部分功能。图 7-22 所示为将车床、铣床、钻床等功能进行组合而成的组合机床。

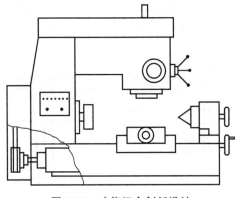

图 7-22　功能组合创新设计

7.2.3　引入新结构要素创新设计图例

机械结构设计通过结构要素的组合，实现机械功能。随着新材料、新工艺的发展，会不断出现一些新的结构要素，通过合理采用这些新的结构要素，可以更巧妙地实现给定的机械功能，使机械功能更简单、更可靠，成本更低。

（1）引入弹性（柔性）结构创新设计图例

① 空气压缩机配气机构创新设计图例　四冲程内燃机工作中配气系统要定时打开和关闭吸气门和排气门。内燃机采用一套凸轮-挺杆机构控制吸、排气门的定时开启和关闭，用一套齿轮机构实现曲轴与凸轮轴之间的正时传动。

与内燃机有类似工作要求的空气压缩机配气系统设计中采用了如图 7-23 所示的结构，结构中采用具有良好弹性的薄金属片（图中的进气阀片、排气阀片）取代内燃机配气系统中的气门和气门弹簧，依靠活塞在汽缸中运动所形成的内、外压差打开、关闭阀片。结构中省去了凸轮-挺杆机构和正时齿轮机构，极大地简化了结构。

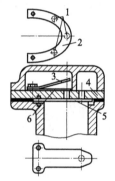

图 7-23　空气压缩机配气机构

1—相对于阀座孔的位置；2—排气阀片；3—限制器；
4—阀座；5—相对于阀座孔的位置；6—进气阀片

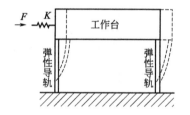

图 7-24　弹性导轨微动工作台示意图

② 弹性导轨微动工作台创新设计图例　图 7-24 所示的弹性导轨微动工作台通过弹性导轨的变形实现工作台的水平位移，弹性导轨无摩擦、无间隙，运动阻尼极小，可以获得极高的运动精度，当输入端刚度远小于导轨刚度时，可以获得极高的位移分辨率。

③ 计算机软盘驱动器创新设计图例　计算机使用的软盘驱动器中多处采用铰链结构。早期的软盘驱动器设计中所有铰链均采用如图 7-25(a) 所示的普通铰链结构，不但结构复

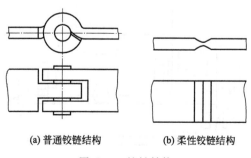

(a)普通铰链结构　　　　　(b)柔性铰链结构

图 7-25　铰链结构

杂、占用空间大，而且铰链的制造误差、配合间隙和磨损等因素会严重影响铰链的工作性能。现在的软盘驱动器中多处重要的铰链采用如图 7-25(b) 所示的柔性铰链结构，不但简化了结构，而且消除了由于铰链间隙造成的运动误差。

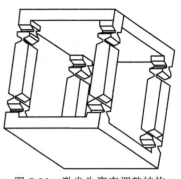

④ 激光头姿态调整结构创新设计图例　图 7-26 所示为激光头的姿态调整结构，通过多组柔性铰链，使激光头获得两个方向的移动自由度。姿态调整的动力由驱动线圈产生的磁场与固定在激光头部件上的磁铁之间的作用力提供。

图 7-26　激光头姿态调整结构

⑤ 位移放大机构创新设计图例　图 7-27 所示为与压电陶瓷驱动元件配合使用的位移放大机构，结构中通过多个柔性铰链构造的多级杠杆机构，可以使压电陶瓷元件产生的微小位移放大，使输出端获得较大的驱动位移。

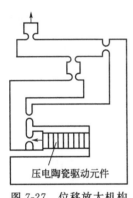

压电陶瓷驱动元件

图 7-27　位移放大机构

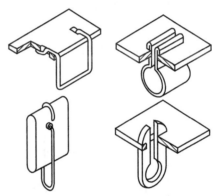

图 7-28　容易装、拆的吊钩结构

(2) 引入快速连接结构创新设计图例

① 吊钩结构创新设计图例　图 7-28 所示为一组容易装配与拆卸的吊钩结构，由于吊钩零件参与变形的材料长度较大，结构具有较好的弹性，装配和拆卸都很方便。

② 快速装配结构创新设计图例　图 7-29 所示为另一组可快速装配的连接结构。图 7-29 (a) 所示结构采用较大导程的螺纹，将螺栓两侧面切成平面，成为不完全螺纹，将螺母内表面中相对的两侧加工出槽形，安装时可将螺栓直接插入螺母中，只需要相对旋转较小的角度即可将螺纹连接拧紧，拆卸时也只需旋转约 1/4 圈即可将螺栓从螺母中取出。图 7-29(b) 所示结构将螺母做成剖分结构，安装时将两个半螺母在安装位置附近拼合，再旋转较少圈数即可将其拧紧。为防止剖分的螺母在预紧力的作用下分离，在被连接件表面加工有定位槽。图 7-29(c) 所示结构将销底部安装一横销，靠横销与垫片端面上螺旋面的作用实现拧紧，为防止松动，在拧紧位置处设有定位槽。图 7-29(d) 所示为外表面带有倒锥形的销钉连接结构，销钉外径与销孔之间为过盈配合，销钉装入销孔后靠倒锥形表面防止连接松动。图 7-29 (e) 所示为另一种快速装配的销连接结构，销钉装入销孔的同时迫使衬套变形，外表面卡紧被连接件，内径抱紧销钉，使连接不能松动。

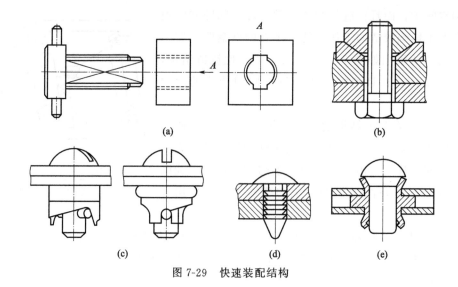

图 7-29　快速装配结构

(3) 组合结构创新设计图例

① 螺栓放松组合结构创新设计图例　为了防止螺纹连接的松脱，通常需要采取放松措施。弹簧垫圈是一种被广泛应用的螺纹连接放松零件，它要求在安装螺栓或螺母的同时安装弹簧垫圈，如图 7-30(a) 所示。图 7-30(b) 所示的螺栓-垫圈组合结构将螺栓和弹簧垫圈的功能集成在一个组合零件上，减少了零件数量，方便了装配。

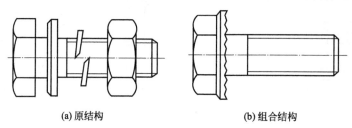

(a) 原结构　　　　　　　　　　　(b) 组合结构

图 7-30　螺栓放松结构

② 包装机支架结构创新设计图例　图 7-31 所示为某种包装机中的一个支架构件。其中。图 7-31(a) 所示为原设计结构，由 11 个零件组成。图 7-31(b) 所示为改进后的设计结构，将所有功能组合在一个零件上，零件通过精密铸造后一次加工成形，极大地节省了加工

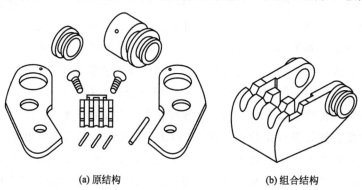

(a) 原结构　　　　　　　　　　　(b) 组合结构

图 7-31　包装机支架结构

工时,降低了成本。

③ 指甲刀整体结构创新设计图例 按通常的结构设计方法,指甲刀应具有图 7-32(a) 所示的结构。通过将多个零件的功能集中到少量零件上的组合设计方法,指甲刀演变为图 7-32(b) 所示结构。

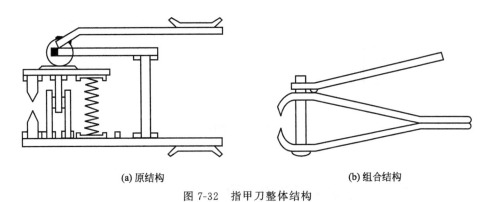

(a) 原结构   (b) 组合结构

图 7-32 指甲刀整体结构

④ 自攻螺钉结构创新设计图例 图 7-33 所示为 3 种自攻螺钉结构,它们或将螺钉与丝锥的结构集成在一起,如图 7-33(a) 所示。或将螺钉与钻头的结构集成在一起,如图 7-33(b) 所示和图 7-33(c) 所示,使螺纹连接结构的加工与安装更便捷。

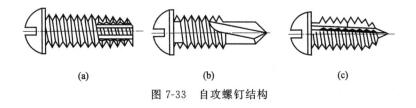

(a)   (b)   (c)

图 7-33 自攻螺钉结构

(4) 引入智能结构创新设计图例

在结构设计中零件材料的主要功能是承担载荷和传递运动,这类材料因此称为结构材料。与之不同的还有一类材料,称为功能材料。

对外界的刺激(应力、应变、热、光、电、磁、化学、辐射)具有较显著的感知功能的材料称为感知材料,用这类材料可以制作各种传感器,可以在外界环境条件变化时产生信息输出。把在输入信息刺激下可以产生机械动作的材料称为机敏材料;把在外界环境变化时可以产生机械动作的材料称为智能材料。应用智能材料所构造的结构称为智能结构。智能结构可以根据外界条件的变化产生机械动作,使得机械装置的控制功能更简单。图 7-34 所示的天窗自动控制装置就是一种智能结构。图 7-35 所示的电饭锅温度控制装置也是一种智能结构。

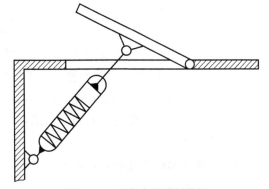

图 7-34 天窗自动控制装置

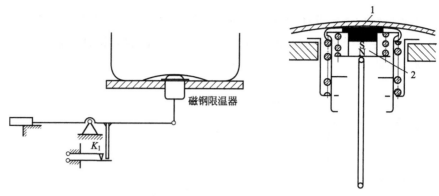

图 7-35　电饭锅温度控制装置

1—感温软磁；2—永磁铁

7.2.4　机械结构绿色化创新设计图例

全社会越来越清楚地认识到，社会经济增长必须走可持续发展的道路，使得经济的发展与资源和环境的承受能力相协调。这就产生了绿色设计的设计理念。

绿色设计理念认为，设计除应满足今天的社会需求外，还应考虑自然生态环境的长期承受能力，使其能够满足人类长期生存的需要。绿色设计包括以下几点。

① 材料选择　在选择结构材料时，在保证材料工作性能的前提下，还应考虑在产品全寿命周期内低能耗、低成本、低污染的要求。尽量选择原料来源广泛、生产过程耗能低、生产和使用过程对环境污染小、使用后容易回收利用或容易自然降解的材料。

② 延长使用寿命　通过合理的结构设计延长零部件的使用寿命，在结构可能会由于磨损影响性能的部位设置必要的调整环节，在设备使用过程中可以通过调整的方法恢复结构的性能，在无法通过调整的方法恢复使用功能的位置，设置可进行局部更换或局部修复的结构，使零件可以恢复正确的工作状态，延长使用寿命。

③ 可拆卸设计　装配结构应可以拆卸，容易拆卸，使得失效的零件可以单独被更换，报废设备中的零件可以互相分离，不同的材料可以分别回收利用。结构拆卸越容易，拆卸成本越低，企业对结构进行维修和对报废产品进行回收的积极性就会越大。

④ 回收设计　设计应使结构中的不同材料容易分离，材料种类应容易识别，材料种类应减少，并减少不必要的装饰性加工，如电镀、喷涂等。

⑤ 包装设计　绿色包装技术包括选择包装材料、设计包装结构和包装废弃物回收处理。包装设计应符合减量化、回收重用、循环再生和可降解的原则。产品包装应尽量选择无毒、无公害、可回收或易于降解的材料。产品应简化包装，既减少对资源的浪费，又减少对环境的污染和废弃物的处置费用。

(1) 轴承结构绿色化创新设计图例

如图 7-36 所示，滑动轴承结构可以通过调整的方法恢复轴承正确的配合间隙。图 7-37 所示为可调间隙的滚动轴承结构。图 7-38 所示为滚动轴承的定位结构，设计时应使轴承可以通过安全的方法拆卸，拆卸后的轴承仍可使用。

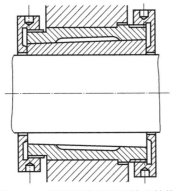

图 7-36　可调间隙的滑动轴承结构

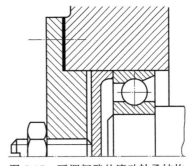

图 7-37　可调间隙的滚动轴承结构

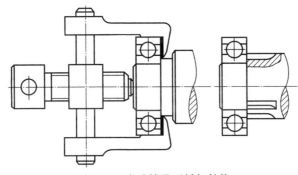

图 7-38　滚动轴承可拆卸结构

(2) 油封结构绿色化创新设计图例

图 7-39 所示为骨架式油封的不同结构。其中，图 7-39(a) 所示的内包骨架结构在油封失效后不容易将骨架与橡胶分离。图 7-39(b) 和图 7-39(c) 所示油封结构中的钢骨架和橡胶材料很容易分离，有利于材料回收再利用。

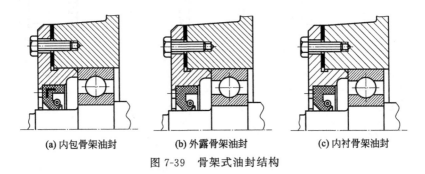

(a) 内包骨架油封　　　(b) 外露骨架油封　　　(c) 内衬骨架油封

图 7-39　骨架式油封结构

7.2.5　机械结构方便装配创新设计图例

(1) 双螺母放松结构创新设计图例

图 7-40 所示为螺纹连接双螺母防松结构。结构中下面的螺母受力较小，可采用较薄的螺母；上面的螺母受力较大，应采用较厚的螺母，如图 7-40(a) 所示。但是实践表明，这样

的设计常被使用者误解，结构在经过维修后常将两个螺母反装，影响防松效果。为了避免装配错误，现在的机械设计中普遍采用两个厚度相同的螺母构造双螺母防松结构，如图 7-40（b）所示。

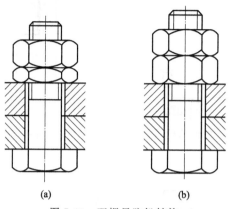

图 7-40　双螺母防松结构

（2）减少装配差错结构创新设计图例

如图 7-41(a) 所示的滑动轴承右侧有一个与箱体连通的注油孔，如果装配中将滑动轴承的方向装错，会使滑动轴承和与之配合的轴之间得不到润滑。由于装配中有方向要求，增加了装配过程中辨别方向的工作量和难度。若改为图 7-41(b) 所示的结构，零件成为对称结构，虽然不会发生装配错误，但是总有一个孔实际不起作用。若改为图 7-41(c) 所示的结构，增加环形储油区，不仅使两个油孔都能发挥作用，而且避免了发生装配错误的可能性。若改为图 7-41(d) 所示的结构，使得反向无法装配，也可以避免装配错误。

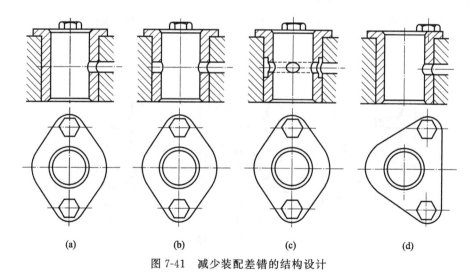

图 7-41　减少装配差错的结构设计

（3）弹性套柱销联轴器结构创新设计图例

结构中的易损零件寿命远低于设备整体的工作寿命，在工作中需要多次更换失效的零件，结构设计应为这些易损零件的更换创造方便条件。

如图 7-42 所示的弹性套柱销联轴器中的弹性套是易损零件，结构设计应保证在更换弹性套时不必同时拆卸和移动更多的零件，应为弹性套及相关零件的拆下和装入留有必要的工作空间。

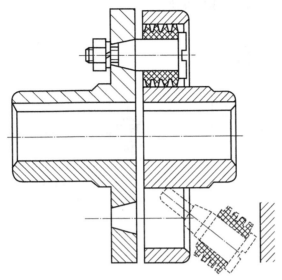

图 7-42　弹性套柱销联轴器

(4) 滑动轴承装配结构创新设计图例

如图 7-43(a) 所示的滑动轴承结构通过左侧的螺母实现滑动轴承与轴的固定以及轴与箱体的固定，当需要更换滑动轴承时，必须在箱体两侧同时操作，将滑动轴承与轴之间的装配关系和轴与箱体之间的装配关系同时解除才能完成拆卸。若改为图 7-43(b) 所示的装配结构，更换滑动轴承时只需要在箱体一侧进行操作，只需要解除轴与轴承之间的装配关系，使维修工作更方便。

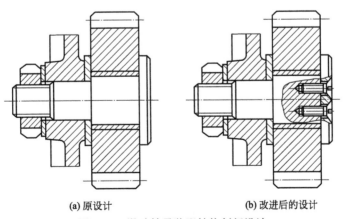

(a) 原设计　　　　　　　　(b) 改进后的设计

图 7-43　滑动轴承装配结构创新设计

(5) 装配关系独立的结构创新设计图例

如图 7-44(a) 所示，轴承座结构的装配关系不独立，更换轴承时不但需要破坏轴承盖与轴承座的装配关系，而且需要破坏轴承座与机体的装配关系，轴承座与机体之间的相对位置关系是通过调整确定的，更换轴承后需要重新调整轴承座在机体上的位置。图 7-44(b) 所示的结构中轴承座与机体的装配关系和轴承盖与轴承座的装配关系互相独立，更换轴承时不需要破坏轴承座与机体的装配关系，而轴承盖与轴承座之间有止口定位，装配后不需要调整，使维修中更换易损零件的操作更方便。

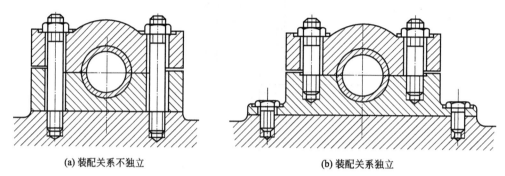

(a) 装配关系不独立   (b) 装配关系独立

图 7-44   装配关系独立的结构创新设计

第 4 篇

机械创新设计综合实例

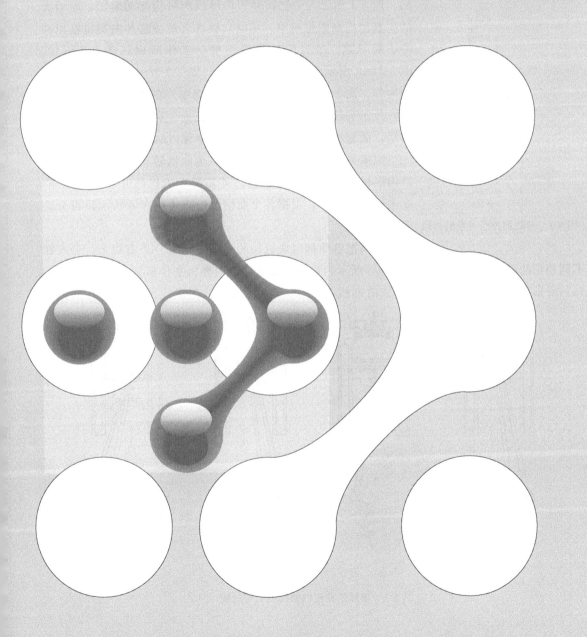

8.1　发动机主体机构创新设计图例分析

曲柄滑块机构的滑块为主动件时，该机构可作为内燃机的主体机构，由此发明了内燃

图 8-1　单缸四冲程内燃机机构

机。图 8-1 所示为单缸四冲程内燃机的机构运动简图。靠增大活塞直径提高燃烧效率，不能从根本上解决这种内燃机输出功率小的问题。单缸四冲程内燃机的工作原理如图 8-2 所示。图 8-2(a) 所示为吸进燃气的冲程。图 8-2(b) 所示为压缩燃气的冲程。图 8-2(c) 所示为燃气燃烧爆炸的做功冲程。图 8-2(d) 所示为排除燃烧废气的冲程。在一个运动循环内，曲柄转两周，活塞移动四次，故称之为四冲程内燃机。

如果采用多个活塞共同驱动一个曲柄转动，则创造出了多缸内燃机。回顾其创新过程，可知属于机构的并联创新范畴。在多缸内燃机中，根据各个曲柄滑块机构的布置情况还可分为多种情况。

如果把各曲柄滑块机构的活塞排列在一条直线上，分布在不同相位的曲柄则演化为曲轴。图 8-3 所示为直线布置系列的内燃机主体机构示意图。图 8-3(a) 所示为二排成 180°布置的四缸内燃机。图 8-3(b) 所示为二排成 V 形布置的六缸内燃

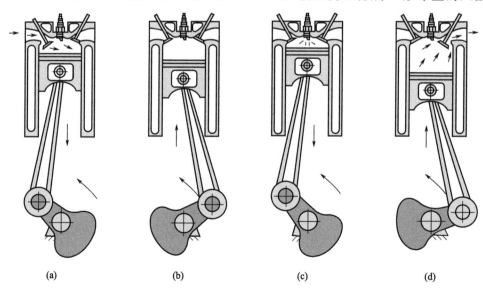

(a)　　　　　(b)　　　　　(c)　　　　　(d)

图 8-2　单缸四冲程内燃机的工作过程

机。图 8-3(c) 所示为单排布置的六缸内燃机。图 8-3(d) 所示为二排成 V 形布置的八缸内燃机。根据机构的并联组合原理，只要结构允许，还可以并列增加曲柄滑块机构，得到更多缸数的内燃机，使其功率大大增加。目前，机车、船用内燃机已经增加到 16 缸以上。

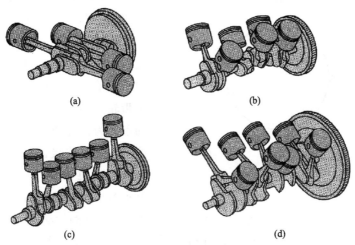

图 8-3　直线布置系列的内燃机主体机构示意图

按直线排列的曲柄滑块机构设计的内燃机的结构简单，但其轴向尺寸过大，导致其重量增加。目前主要应用在车、船领域。为减小内燃机的体积和重量，在并联原理不变的前提下，缩短曲轴的长度到一个平面内，活塞沿圆周布置，仅改变各曲柄滑块机构的布置方式，即可得到周向布置的内燃机，该内燃机具有较小的轴向尺寸，其体积与重量也比线形布置的内燃机小，因此可广泛应用在航空内燃机领域。图 8-4 所示为四缸周向布置的内燃机机构简图。

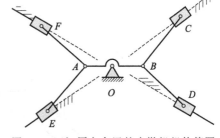

图 8-4　四缸周向布置的内燃机机构简图

图 8-5 所示为多缸周向布置的内燃机结构。

该案例通过内燃机的创新设计过程说明了基本机构、基本机构的组合为设计新产品提供了清晰的设计思路和明确的设计方法，结合创新思维，就能为以后的发明创造奠定强有力的基础。

图 8-5　多缸周向布置的内燃机结构

8.2　平动齿轮传动装置创新设计图例分析

平面四边形机构中，如果一个曲柄为原动件，则另一个曲柄和连杆为输出构件，其连杆作平面平行运动的输出。用该平行四边形机构作前置机构，一对互相啮合的齿轮机构为后置机构进行机构的Ⅱ型串联组合，前置机构的连杆与后置机构的一个齿轮连接可组成新的机构系统。连接的条件为齿轮机构的中心距平行并等于曲柄长度，连接齿轮中心位于连杆的中心线上且位于连杆的中心位置。图 8-6 所示为平行四边形机构与外啮合齿轮的Ⅱ型串联组合。其传动比为 $i_{12}=z_2/(z_1+z_2)$。这种组合系统的传动比小于 1，可实现较大传动比的增速传动，其缺点是体积过大，故在工程中的应用前景不大。

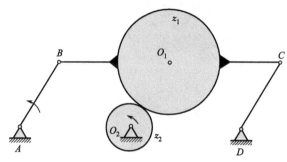

图 8-6　平行四边形机构与外啮合齿轮的Ⅱ型串联组合

如果后置机构改为内啮合齿轮传动机构，按上述连接条件，则有两种类型的机构组合系统。图 8-7(a) 所示为平行四边形机构的连杆与内啮合齿轮机构的内齿轮串联的组合系统。其传动比为 $i_{12}=-z_2/(z_1-z_2)$。

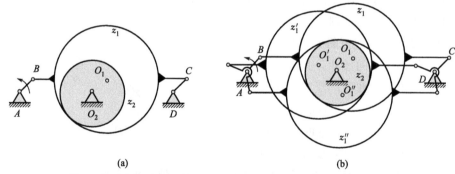

(a)　　　　　　　　　　　　　　(b)

图 8-7　平行四边形机构与内啮合齿轮机构的Ⅱ型串联组合（1）

当两个齿轮的齿数差相差很少时，该机构系统可获得很大的传动比，故在工程中有很大的应用前景。但这种齿轮传动系统在应用过程中，高速运转的连杆会产生很大的惯性力，影响机械的运转性能。为解决这一问题，可采用Ⅲ型并联组合。三套平行四边形机构按 120°排列，三个输入运动的曲柄连接到一起，与连杆固接的三个内齿轮共同驱动一个作输出运动的外齿轮，相当于把三个完全相同的外齿轮连接到一起，其机构运动简图如图 8-7(b) 所示。这种传动被称为三环减速器或外平动齿轮减速器。它不但能实现机构平衡，而且具有很高的机械效率，所以在机械工程领域获得了广泛应用。但这种传动的体积、尺寸与重量都较大，高速的平衡能力差且会产生较大的机械振动。

如果后置机构的外齿轮与连杆连接，驱动内齿轮定轴转动输出，则组成图 8-8(a) 所示的组合系统，其传动比为 $i_{12}=z_2/(z_2-z_1)$。

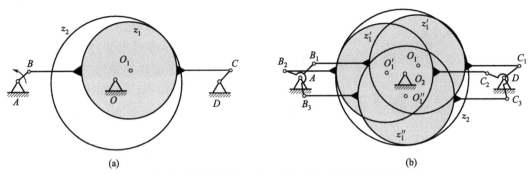

图 8-8 平行四边形机构与内啮合齿轮机构的 Ⅱ 型串联组合 (2)

为解决机构平衡问题，同样采用Ⅲ型并联组合。三套平行四边形机构按 $120°$ 排列，三个输入运动的曲柄连接到一起，与连杆固接的三个外齿轮共同驱动一个作输出运动的内齿轮，其机构运动简图如图 8-8(b) 所示。这种传动由于外齿轮在内齿轮的圆环内部作平面平行运动，故被称为内平动齿轮减速器。它在保留三环齿轮减速器优点的同时，还可通过机构的演化和变异设计，减小机构尺寸、体积和重量。设想把平行四边形的机架 AD 与连杆 BC 缩短，使转动副 A 和 B 位于作平动的外齿轮的齿板内部，则该机构的尺寸大大减小。图 8-9 所示为演化变异设计的内平动齿轮传动机构。该传动装置的传动比公式证明如下。

由于该齿轮传动的中心距等于平行四边形曲柄的长度，且与曲柄平行，两齿轮的速度瞬心在 P 点，P 点是两齿轮的同速点。故有下式：

$$v_{p1} = v_B = \omega_1 L_{AB} = \omega_1 (R_2 - R_1) \tag{8-1}$$

$$v_{p2} = \omega_2 R_2 \tag{8-2}$$

其减速比计算如下：

$$v_{p1} = v_{p2} \tag{8-3}$$

即
$$\omega_1 (R_2 - R_1) = \omega_2 R_2 \tag{8-4}$$

$$i_{12} = \omega_1 / \omega_2 = R_2 / (R_2 - R_1) = z_2 / (z_2 - z_1) \tag{8-5}$$

当 z_2 与 z_1 之差较小时，可获得很大传动比。当曲柄为主动件时，齿轮 z_2 作减速运动；当 z_2 为主动件时，曲柄作增速运动。

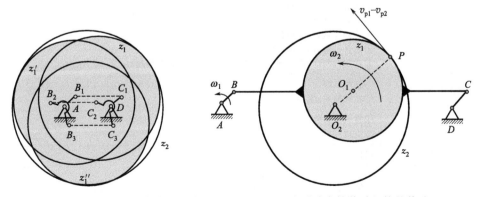

图 8-9 演化变异后的内平动齿轮传动机构   图 8-10 内平动齿轮传动机构的传动比

图 8-11   结构创新设计

对图 8-10 所示机构进行结构创新设计。把三个平行四边形的三个曲柄做成三个偏心轴，可得到图 8-11 所示的机械结构。驱动平动齿轮运动的三个平行四边形演化为三个偏心轴，外齿轮则相当于作平动的连杆。如果三个偏心轴端安装三个外齿轮，并由一个齿轮驱动，则实现了全主动的平行四边形驱动方式，不但提高了运动的平稳性，而且提高了承载能力。

综上所述，内平动齿轮传动是利用机构组合理论创新设计的一种新型齿轮传动装置。其中，利用主动齿轮的平行移动驱动内齿轮减速输出的运动方式改变了传统的齿轮运动模式。平动齿轮传动机构的创新设计过程中，应用了平行四边形机构与齿轮机构的串联、应用了三套机构的并联、应用了转动副的销钉扩大和尺寸变化等演化与变异设计，是非常典型的机构创新设计案例。其创新设计过程的思路清晰、方法明确，所设计的产品具有新颖性和实用性。

8.3   抓斗原理方案创新设计图例分析

抓斗是重型机械的一种取物装置，主要用来就地装卸大量散料物料，用于码头、仓库、港口、车站、矿山、林场等处。目前使用的一些抓斗，还不能完全满足装卸要求，长撑杆双颚板抓斗虽应用广泛，但由于其具有闭合结束时闭合力呈减小趋势的致命弱点，影响抓取效果。其他类型的抓斗虽有使用，但不很普遍，也存在各自的缺点，故市场上希望有一种装卸效率高、作业快、功能全、适用广的散货抓斗。从设计方法学和创造学的角度出发，通过对抓斗的功能分析，确定可变元素，列出形态矩阵表，组合出多种抓斗原理方案，再评价择优，从而得到符合设计要求的原理方案，为设计人员提供抓斗原理方案设计的新思路。

在分析调查的基础上，运用缺点列举法、实现希望法等创造技法，制定抓斗开发设计任务书，如表 8-1 所示。

表 8-1   抓斗开发设计任务书

要求	内容
功能方面	①抓取性能好,有较大的抓取力 ②装卸效率高 ③装卸性能好,空中任一位置颚板可闭合、打开 ④闭合性能好,能防散漏 ⑤适用范围广,既可抓小颗粒物料,也可抓大颗粒物料
结构方面	①结构新颖 ②结构简单、紧凑
材料方面	①材料耐磨性好 ②价格便宜
人机工程方面	操作方便,造型美观
经济、使用安全等方面	①尽量能在各种起重机、挖掘机上配套使用 ②维护、安装方便,工作可靠,使用安全 ③总成本低廉

运用反求工程设计方法，对起重机一般取物装置作反求分析，得起重机功能树，如图 8-12 所示。

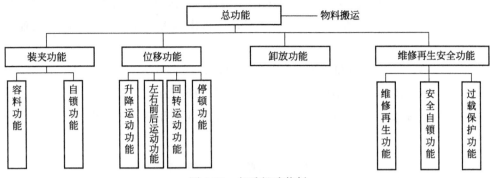

图 8-12 起重机功能树

由现有抓斗可知，抓斗的主要特点是颚板运动，结合设计任务书，得到抓斗的功能树，如图 8-13 所示。

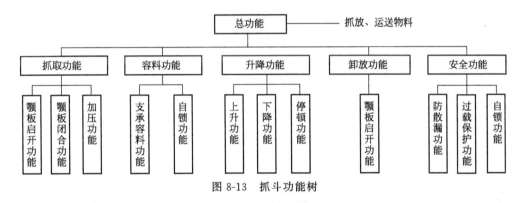

图 8-13 抓斗功能树

抓斗的功能结构如图 8-14 所示。所谓功能结构图是一种图形，它包括对系统的输入及

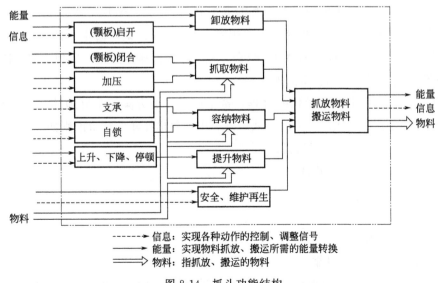

图 8-14 抓斗功能结构

输出的适当描述，为实现其总功能所具有的分功能和功能元以及它们之间的顺序关系。

确定了功能结构图，也就明确了为实现其总功能所具有的分功能和功能元以及它们之间的相互关系，利用寻找实现分功能和功能元的作用效应，按设计方法学理论，如果一种作用效应能实现两个或两个以上的分功能或功能元，则机构将大大简化，运用反求工程设计方法，确定以下抓斗可变元素。

A——能实现支承、容料和启闭运动的原理机构；

B——能完成启闭动作、加压、自锁的动力装置（即动力源形式）。

运用各种创造技法，对可变元素进行变换（即寻找作用效应），建立形态矩阵表，如表 8-2 所示。

表 8-2　抓斗原理方案形态矩阵表

可变元素	变　体					
	单(多)铰链杆	连杆机构	杠杆机构	螺杆机构	齿轮齿条机构	其他
颚板启闭机构 A（平面图）	A_1	A_2	A_3	A_4	A_5	…
（启闭）、加压、（自锁）动力源形式	绳索—滑轮 B_1	电力机械 B_2 螺杆传动 B_{21} / 齿轮传动 B_{22}	液压 B_3	气压 B_4	…	

理论上，表 8-2 中任意两个元素的组合就形成了某一种抓斗的工作原理方案。尽管可变元素只有 A、B 两个，但理论上可以组合出 25 种原理方案，其中包括明显不能组合在一起的方案。经分析得出明显不能组合在一起的方案有：A_2B_{22}、A_4B_1、A_4B_{22}、A_4B_3、A_4B_4、A_5B_1、A_5B_{21}、A_5B_3、A_5B_4，把这些方案排除，剩 16 种方案，而常见的一些抓斗工作原理方案基本包含在这 16 种内，如 A_1B_1 组合，就是耙集式抓斗的工作原理方案。除此之外，这 16 种方案中包含了一些创新型的抓斗。

方案评价过程是一个方案优化的过程，希望所设计的方案能最好地体现设计任务书要求，并将缺点消除在萌芽状态。为此，从矩阵表中抽象出抓斗的评价准则如下。

A——抓取力大，适应难抓物料；

B——可在空中任一位置启闭；

C——装卸效率高；

D——技术先进；

E——结构易实现；

F——经济性好，安全可靠。

根据这六项评价准则，对抓斗可行原理方案进行初步评价，如表 8-3 所示。

表 8-3　抓斗可行原理方案初步评价表

抓斗方案	评价准则						评判意见
	A	B	C	D	E	F	
A_1B_1 耙集式抓斗	×	√	×	√	√	√	
A_1B_4	√	√	√	√	√	√	√
A_2B_1 长撑杆抓斗	×	√	√	√	√	×	
A_1B_{21}	√	√	×	√	√	×	
A_1B_3	√	√	√	√	√	√	√
A_2B_3	√	√	√	√	√	√	√
A_2B_4	√	√	√	√	√	√	
A_3B_1	√	√	×	√	√	√	
A_3B_{21}	√	√	×	√	√	×	
A_3B_{22}	√	√	×	?	√	×	
A_3B_3	√	√	√	√	√	√	√
A_3B_4	√	√	√	√	√	√	√
A_4B_{21}	√	√	√	√	√	×	
A_5B_{22}	√	√	√	√	√	×	
A_1B_{21}	√	√	√	√	√	×	
A_1B_{22}	√	√	?	?	√	×	

从表 8-3 中可知，能满足六项准则的有 6 种方案，即 A_1B_4、A_1B_3、A_2B_3、A_2B_4、A_3B_3、A_3B_4。为进一步缩小搜索区域，在确定最佳原理方案之前，应及时进行全面的技术经济评价和决策。研究这 6 种初步评价获得的可行方案，发现：为了实现装卸效率较高，动力源形式选择液压或气压。为进一步筛选、取优，对液压和气压进行比较，如表 8-4 所示。

表 8-4　动力源采用液压和气压的抓斗性能比较表

比较内容	气动	液动	比较内容	气动	液动
输出力	中	大	同功率下结构	较庞大	紧凑
动作速度	快	中	对环境温度适应性	较强	较强
响应性	小	大	对湿度适应性	强	强
控制装置构成	简单	较复杂	抗粉尘性	强	强
速度调节	较难	较易	能否进行复杂控制	普通	较优
维修再生	容易	较难			

由表 8-4 可知，液压传动相比气压传动具有明显的优点，液压传动的抓斗功率密度大，结构紧凑，重量轻，调速度性能好，运转平稳、可靠，能自行润滑，易实现复杂控制。气压传动明显的优点是：结构简单，维护使用方便，成本低，工作寿命长，工作介质（压缩空气）的传输简单，且易获得。

对于抓斗设计，要求抓取能力强，重量轻，结构紧凑，经济性好，维护方便。通过分析比较，权衡主次，选择液压传动作为控制动力源较优。

经过筛选，剩三种方案，即 A_1B_3、A_2B_3、A_3B_3。将这三种方案大概构思，画出其简图分别如图 8-15～图 8-17 所示。

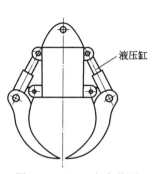

图 8-15　A_1B_3 方案简图

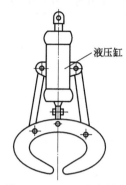

图 8-16　A_2B_3 方案简图

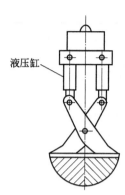

图 8-17　A_3B_3 方案简图

A_1B_3 组合为液压双颚板或多颚板抓斗，需两个或两个以上液压缸。

A_2B_3 组合为液压长撑杆双颚板或多颚板抓斗，只需一个液压缸。

A_3B_3 组合为液压剪式抓斗，两个液压缸。

通过以上的分析，经过评价、筛选确定了这三种抓斗原理方案。对这三种方案，可以对照设计任务书作进一步定性分析，如表 8-5 所示。

表 8-5　A_1B_3、A_2B_3、A_3B_3 性能比较表

抓斗方案	抓取性能	闭合性能	适用范围	液压缸行程	结构复杂程度
A_1B_3	好	好	广	较小	较复杂(二个以上液压缸)
A_2B_3	好	差	一般	较小	简单(一个液压缸)
A_3B_3	好	好	一般	大	一般(二个液压缸)

从表 8-5 中得出：A_1B_3 能较好地满足设计要求，其不足是结构稍复杂；A_2B_3 无法防止散漏这至关重要的性能要求；A_3B_3 液压缸行程大，这在技术上很难实现，故最后确定 A_1B_3 为最佳原理设计方案。

以上是利用设计方法学和创造学原理对抓斗开发设计中的原理方案创新设计进行了研究，在设计过程中还应注意以下几点。

① 评价过程中应充分利用集体智慧，提高评价准确性，在定性分析方法无法得出结论时，可用加权的方法进行定量分析。

② 一次次地比较、筛选，实际上是逐步寻找薄弱环节，是一个优化的过程。

③在最佳原理方案确定之后的设计中，也应当充分运用设计方法学和创造学的基本原理进行创新设计。比如，在抓斗的结构设计中，要充分发挥设计人员的创造性，确定结构设计中的可变元素，对可变元素进行变化、创新得出最佳设计。

8.4　电脑多头绣花机挑线刺布机构创新设计图例分析

机构创新设计是机器创造发明的重要内容，也为回避已受专利保护的现有机构提供了强有力的工具。机构运动方案的好坏直接影响机器的性能。图 8-18(a) 所示为上海协昌缝纫机总公司生产的蝴蝶牌电脑多头绣花机。该机是参照国外某公司的刺绣机研制而成的，而且该挑线刺布机构在美国、德国、意大利等国属专利产品，因此该绣花机很难进入国际市场，这

就要求应用创新设计方法，设计出一种新型的、具有特色的电脑多头绣花机挑线刺布机构。

从图 8-18(b) 可以看出，该机构是一个单自由度凸轮-齿轮-连杆机构，属于机构组合，它可以分解成挑线机构和刺布机构。

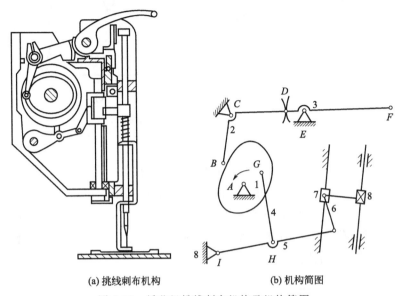

(a) 挑线刺布机构　　　　　　　　　(b) 机构简图

图 8-18　绣花机挑线刺布机构及机构简图

1—驱动凸轮；2—挑线驱动杆；3—挑线杆；4~6—连杆；7—滑块；8—针杆

挑线机构主要由驱动凸轮 1、挑线驱动杆 2、挑线杆 3 组成，其中挑线杆 3 是执行件，F 是挑线孔，杆 2 和杆 3 通过一对扇形齿轮相连，这对扇形齿轮主要是起换线的作用。

刺布机构为曲柄摇杆滑块机构，主要由驱动凸轮 1 (曲柄)、连杆 4、连杆 5 (摇杆)、连杆 6、滑块 7 组成，其中滑块 7 上装有针杆传动块，在手控或直动电磁控制下能离合针杆 8。为简便起见，将滑块 7 看作是执行件针杆。

机械一般化就是将原始机构简图转换成原始链，再将原始链转换成原始运动链。机构简图转换成原始链需遵循的准则如下。

① 机构的拓扑结构保持不变。

② 机构的构件数、运动副数、自由度数保持不变。

③ 原始链不固定机架。

④ 任何构件都转换成连杆。

⑤ 运动副用符号表示：R—转动副，P—移动副，O—滚动副，H—螺旋副，A—凸轮副，G—齿轮副，P_u—滑轮副；C_h—链副，C—圆柱副等。

原始链转换成原始运动链就是将所有运动副都转换成转动副，其中，移动副、滚动副、螺旋副等直接用转动副来代替；凸轮副、齿轮副、滑轮副、链副、圆柱副等用 1 个连杆和 2 个转动副来代替。

根据以上准则，将图 8-18(b) 所示的机构简图转换成图 8-19(a) 所示的原始链和图 8-19 (b) 所示的原始运动链。从图 8-19(b) 中得知，该原始机构中挑线机构和刺布机构的基本运动链形式都是瓦特运动链。

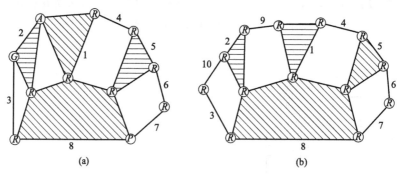

图8-19　原始链和原始运动链

1~10—杆

从图8-19(b) 所示的原始运动链可以清楚地看出，它是一个单自由度10杆运动链，其中 $N_2=6$，$N_3=3$，$N_5=1$（N_i 表示 i 副杆的数目）。应用平面运动链的结构综合理论，得到15种同类型的运动链，如图8-20所示。除图8-20(e) 所示的运动链为原始运动链外，其余14中运动链都被称作再生运动链。然后根据创新设计约束，从再生运动链中选择出创新运动链，作为创新机构的依据。

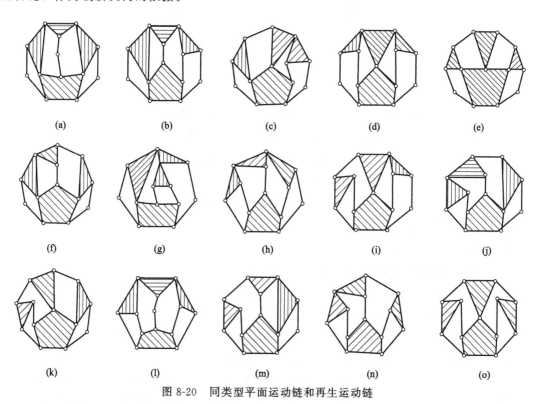

图8-20　同类型平面运动链和再生运动链

由原始机构，可以归纳出以下创新设计约束。

① 原始机构中的机架是一个具有最多副数的杆，因此创新运动中最多副数杆应作为机架。

② 原始机构中的齿轮副起换线的作用。齿轮副在一般运动链中是用一对串联的二副杆

来表示。因此在创新运动链中，至少有一对串联的二副杆。

③ 组成齿轮副的一对齿轮必须都与机架相邻，并且由于主动齿轮作非匀速转动，它不能作为整个机构的原动件。

④ 原始机构属于机构组合，挑线机构和刺布机构仅仅通过原动件杆 1 组合在一起，杆 1 是一个三副杆。因此创新机构的原动件也应该是三副杆，并且与机架相邻。

根据以上创新设计约束中的①、②、③，从如图 8-20 所示的 14 种再生运动链中选择出 8 种运动链，如图 8-20(a)、(b)、(c)、(f)、(g)、(j)、(k)、(m) 所示；再根据创新设计约束中的①、③、④，从这 8 种运动链中选择出 4 种创新运动链，如图 8-20(a)、(c)、(f)、(k) 所示；按照平面运动链中的杆的编码原则，对这 3 种创新运动链中的杆进行编号，如图 8-21 所示。

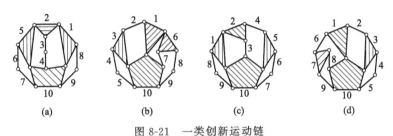

图 8-21 一类创新运动链

1—原动件杆；2~4,6,8—杆；5,7—挑线杆；9—针杆；10—机架

由创新设计约束可知，图 8-21 所示的创新运动链中，杆 1 为原动件，杆 10 为机架。在图 8-21(a) 中，杆 7 为挑线杆，杆 9 为针杆，而杆 3、4 的运动对杆 7 和杆 9 这 2 个执行件不起任何作用，因此去掉这个运动链。在图 8-21(b)、(d) 中，杆 1、2、3、4、5、10 组成挑线机构，杆 5 为挑线杆；杆 1、6、7、8、9、10 组成的刺布机构，杆 9 为针杆。可以看出，这两个创新运动链中，挑线机构运动链和原始运动链相同，也是瓦特运动链，而刺布机构运动链和原始运动链不同，是斯蒂芬逊运动链。在图 8-21(c) 中，杆 1、2、3、4、5、6、7、10 组成挑线机构，杆 7 为挑线杆；杆 1、8、9、10 组成刺布机构，杆 9 为针杆。

图 8-21(b)、(c)、(d) 所示的创新运动链，其自由度数和杆数与原始运动链相同，被称作一类创新运动链。在保证自由度数不变的前提下，杆数发生了变化，这种创新运动链被称作二类创新运动链。

图 8-18(b) 中构件 1、2、8 组成的凸轮机构通过一般化，可以转换成图 8-19(b) 中杆 1、2、8、9 组成的四杆机构。但是从所能实现的运动及动力功能上看，三构件的凸轮机构很难用四杆机构来替代，而要用六杆机构来替代，因此图 8-19(b) 中原始挑线运动链（瓦特运动链）需要用一个八杆运动链来替代。

八杆运动链共有 16 种，从中选出一种与原始刺布运动链组合成十二杆运动链，该运动链为二类创新运动链，如图 8-22 所示。该创新运动链中，杆 1 为原动件，杆 12 为机架，杆 1、2、3、4、5、6、7、12 组成挑边机构，杆 7 为挑线杆；杆 1、8、9、10、11、12 组成刺布机构，杆 11 为针杆。

通过运动链的特殊化可以将创新运动链转换成创新机构。运动链的特殊化就是将运动链转换成特殊链，再将特殊链转换成机构简图。它可以看成是机构一般化的逆过程，但不是简

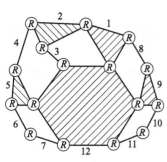

图 8-22   二类创新运动链

单的逆过程。图 8-21 和图 8-22 中的创新运动链转换成特殊链，需要遵循以下准则。

① 必须固定某杆作为机架。

② 必须给定原动件。

③ 必须有齿轮副，组成齿轮副的两构件必须与机架相连。

④ 机架上必须有移动副。

根据以上准则，将图 8-21 和图 8-22 中的创新运动链转换成图 8-23 中的特殊链，其中图 8-23(a) 对应于图 8-21(b)，图 8-23(b)、图 8-23(c) 对应于图 8-21(c)，图 8-23(d) 对应图 8-21(d)，图 8-23(e)、图 8-23(f) 对应于图 8-22。

特殊链转换成机构简图，基本上是机构简图转换成原始链的逆过程，比较容易实现。图 8-23 就是根据图 8-22 中的特殊链而得到的创新机构简图。

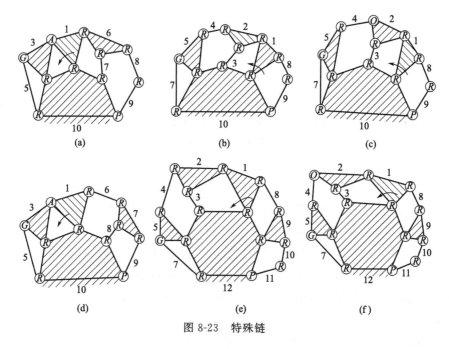

图 8-23   特殊链

如图 8-24 所示的 6 种创新机构并不是都可行，还得根据具体要求进行分析与评价，从中选择最合适的创新机构。从图 8-18 可以看出，该挑线刺布机构所在空间较小，并且机架上点 A、C、E、I 的位置不能变，滑块 7 所示的导杆位置也不能变。按照这些要求，发现图 8-24(b)、(c) 所示创新机构中的刺布机构是偏心曲柄滑块机构，并且偏心距较大，这会使得刺布机构的运动和动力性能较差。如图 8-24(a)、(b) 所示创新机构仍然含有凸轮，并且刺布机构比原始刺布机构更加复杂、难以实现。如图 8-24(e)、(f) 所示创新机构中刺布机构的结构和参数不变，而在挑线机构中用连杆机构代替了原来的凸轮机构，这样降低了制造成本。另外，如图 8-24(f) 所示创新机构所需的空间比图 8-24(e) 的小，实现起来也比较容易。通过以上分析，如图 8-24(f) 所示的机构是最合适的创新机构。

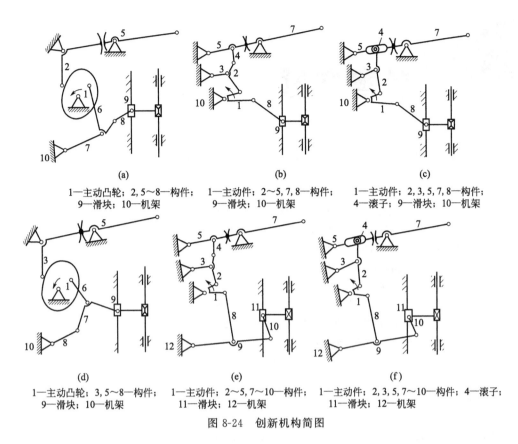

(a)

1—主动凸轮；2,5~8—构件；
9—滑块；10—机架

(b)

1—主动件；2~5,7,8—构件；
9—滑块；10—机架

(c)

1—主动件；2,3,5,7,8—构件；
4—滚子；9—滑块；10—机架

(d)

1—主动凸轮；3,5~8—构件；
9—滑块；10—机架

(e)

1—主动件；2~5,7~10—构件；
11—滑块；12—机架

(f)

1—主动件；2,3,5,7~10—构件；4—滚子；
11—滑块；12—机架

图 8-24　创新机构简图

创新设计的主要目标是创新机构的结构和原始机构不同，同时要求创新机构的输出值和原始机构尽量相同。该绣花机挑线机构的输出值是图 8-18(b) 所示挑线孔 F 的纵坐标 y 值。经过分析与计算，得到图 8-24(f) 中挑线机构的各有关参数，并且求得挑线孔的纵坐标 y 值（即机构输出值）。从图 8-25 看出，创新机构的 y 值曲线与原始机构的 y 值曲线拟合得很好。创新机构的送线点（即 y 值最大）在 57°，收线点（即 y 值最小）在 287°；原始机构的送线点在 50°，收线点在 280°。这样在保证送线时长和收线时长不变的情况下，收线初始时间延迟了，有利于避免断线。

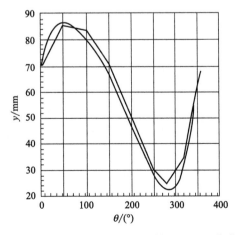

图 8-25　创新机构与原始机构的挑线孔的 y 值曲线

Reference
参考文献

[1] 国家质量监督检验检疫总局. 国家标准《机械制图》. 北京：中国标准出版社，2008.

[2] 国家质量技术监督局. 国家标准《技术制图》. 北京：中国标准出版社，2009.

[3] 机械设计手册编委会. 机械设计手册. 第 1 卷. 北京：机械工业出版社，2007.

[4] 机械设计手册编委会. 机械设计手册. 第 2 卷. 北京：机械工业出版社，2007.

[5] 机械设计手册编委会. 机械设计手册. 第 3 卷. 北京：机械工业出版社，2007.

[6] 陈铁鸣. 新编机械设计课程设计图册. 北京：化学工业出版社，1999.

[7] 吴宗泽，罗圣国. 机械设计课程设计手册. 北京：高等教育出版社，2003.

[8] 吴宗泽. 机械设计禁忌 500 例. 北京：机械工业出版社，2000.

[9] 陈屺，谢华. 现代设计方法及其应用. 北京：国防工业出版社，2004.

[10] 华大年. 连杆机构设计与应用创新. 北京：机械工业出版社，2004.

[11] 高志，刘莹. 机械创新设计. 北京：清华大学出版社，2009.

[12] Neil Sclater, Nicholas P. Chironis. 机械设计实用机构与装置图例. 第 5 版. 邹平译. 北京：机械工业出版社，2014.

[13] 总后勤部司令部. 装卸搬运机械（上、中、下卷）. 北京：解放军出版社，2007.

[14] 孙开元，张丽杰. 常见机构设计及应用图例. 第 2 版. 北京：化学工业出版社，2013.

[15] 张春林，李志香，赵自强主编. 机械创新设计. 第 3 版. 北京：机械工业出版社，2017.

[16] 吕仲文. 机械创新设计. 北京：机械工业出版，2012.

[17] 冯仁余，张丽杰. 机械设计典型应用图例. 北京：化学工业出版社，2016.

[18] 孙开元，张丽杰. 常见机械机构结构设计与禁忌图例. 北京：化学工业出版社，2014.